作者与中国女排领队赖亚文

作者与舞蹈家陈爱莲、华伟

作者与歌唱家何静

作者与中国女排队员

作者与原北京市教育局局长蓝洪生（中）、
首都师范大学前教育学院教师海燕（右）

作者与著名女高音歌唱家、
国家一级演员张华敏

作者与著名影视演员彭丹

作者与恩师——书画教育家吴树勋夫妇

作者与青年美术家宋红雨

作者与美术家踪岩夫

作者与非物质文化遗产项目绳结艺术
代表性传承人李钉

作者与全国劳模、国家级陶瓷工艺大师赖礼同

作者与表演艺术家濮存昕

作者与相声表演艺术家师胜杰

作者与著名相声演员王敏

作者与著名演员李嘉存

作者与作曲家乔方

作者与中国资深电视人、北京电视台
著名主持人王为念

作者与北京电视台主持人罗旭

作者与著名影视演员阿威

作者与著名演员臧金生

作者与中央电视台主持人韩乔生

作者与中央电视台
主持人白桦

作者与北京郁金香温泉度假村总经理刘俊英　　作者与北京首旅华龙公司总经理赵定航

作者与易经大师罗和平　　　　　　作者与千手观音艺术团团长傅鑫艺

作者与中国第一慈善家李春平　　　　　作者与著名歌唱家薛玲

作者与台湾结艺大师杨朝宗（中）、邱永昌（左一）
中国结艺网创办者、秋天福建泉州幼师耿淑丽主任

作者与英国友人

作者与法国友人

作者 2015 年参加泉州两岸绳结艺术邀请交流

绳编部分

彩图 1

彩图 2

彩图 3

彩图 4

彩图 5

彩图 6

彩图 7

彩图 8

彩图 9

彩图 10

彩图 11

彩图 12

彩图 13

彩图 14

彩图 15

彩图 18

彩图 16

彩图 19

彩图 17

彩图 20

彩图 21

彩图 22

彩图 23

彩图 24

彩图 25

彩图 26

2. 耳饰

彩图 27

彩图 28

彩图 29

彩图 30

彩图 31

彩图 32

彩图 33

彩图 34

彩图 35

3. 吉祥小挂坠

彩图 36

彩图 37

彩图 38

彩图 39

彩图 40

彩图 41　　　　　　彩图 42　　　　　　彩图 43　　　　　　彩图 44

彩图 45　　　　　　彩图 46　　　　　　彩图 47　　　　　　彩图 48

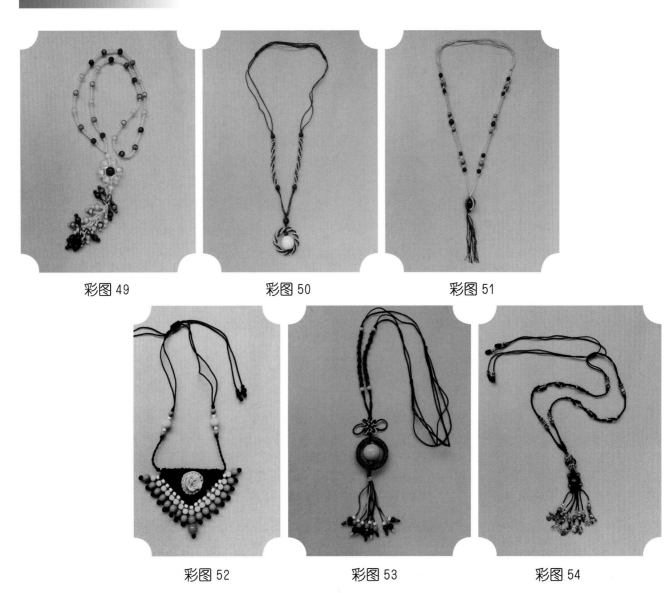

彩图 49　　　　　　　彩图 50　　　　　　　彩图 51

彩图 52　　　　　　　彩图 53　　　　　　　彩图 54

彩图 55

彩图 56

彩图 57

彩图 59

彩图 58

彩图 60

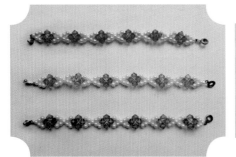

彩图 61

彩图 62

彩图 63

彩图 64

彩图 65

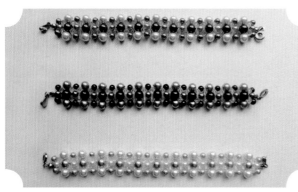

彩图 66

彩图 67

2. 戒指

彩图 69

彩图 68

彩图 70

彩图 71

彩图 72

彩图 73

彩图 74

彩图 75

彩图 76

彩图 77

彩图 78

彩图 79　　　　彩图 80　　　　彩图 81　　　　彩图 82　　　　彩图 83

彩图 84　　　　彩图 85　　　　彩图 86

4. 耳饰

彩图 87

彩图 88

彩图 89

彩图 90

彩图 91

彩图 92

彩图 93

彩图 94

彩图 95

彩图 96

彩图 97

5. 项链

彩图 98

彩图 99

彩图 100

彩图 101

彩图 102　　　　　　　　　彩图 103

彩图 104

彩图 105

彩图 106

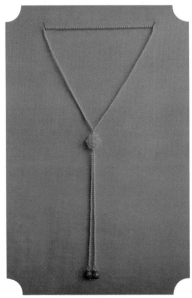

彩图 107

彩图 108

彩图 109

彩图 110

绳编穿珠实用制作技巧

（第 2 版）

主编：薛莉莉

编委：高静安　侯秀文　王明珠　韩　薇

　　　杨文艺　刘凯嘉　李佳慧　张茜冉

摄影：高静安　赵　颖　肖　楠

金盾出版社

内 容 提 要

《绳编穿珠实用制作技巧》自 2006 年 12 月出版以来,深受绳编穿珠爱好者的喜爱与支持。第二版仍然由绳编和穿珠两大部分组成。绳编部分保留了原来 10 种基本结编法,新增了 12 种编法,共 22 种编法,全新的花样共 54 种;穿珠部分也较前一册更丰富、更实用、更有新意,选用了新的花样共 56 种,并与绳编巧妙地结合在一起,使朋友们制作起来更加容易上手。本书所用材料普通,制作简单,易懂易学,技法时尚,贴近生活,非常适合广大手工爱好者学习参考。

图书在版编目(CIP)数据

绳编穿珠实用制作技巧/薛莉莉主编. —2 版.— 北京 : 金盾出版社,2016.4
ISBN 978-7-5186-0384-8

Ⅰ.①绳… Ⅱ.①薛… Ⅲ.①手工艺品—制作 Ⅳ.①TS973.5

中国版本图书馆 CIP 数据核字(2015)第 149165 号

金盾出版社出版、总发行
北京太平路 5 号(地铁万寿路站往南)
邮政编码:100036 电话:68214039 83219215
传真:68276683 网址:www.jdcbs.cn
北京天宇星印刷厂印刷、装订
各地新华书店经销
开本:889×1194 1/24 印张:9.25 彩页:24 字数:185 千字
2016 年 4 月第 2 版第 6 次印刷
印数:29 001~33 000 册 定价:29.00 元

前 言

《绳编穿珠实用制作技巧》第一版自 2006 年 12 月出版以来,深受绳编穿珠爱好者的喜爱与支持。读者们反映此书讲解透彻,通俗易懂,图示明晰,指导性强,特别是针对广大中国结爱好者,具有很大的实用价值。对引领初学者入门、普及中国结编织技巧起到了积极的推动作用。许多朋友还意犹未尽,希望我们能够再补充一些新的绳编和穿珠技法,以便学习更多的编穿技巧,使掌握的中国结技法更全面、更系统、更丰富。同时,也希望新的技法更时尚,更贴近现实生活。

有鉴于此,我们听取朋友们的建言,在原有书中内容的基础上,再补充、编排一些新的内容,整理成册作为《绳编穿珠实用制作技巧》第二版,以飨读者。

第二版仍然由绳编和穿珠两大部分组成。绳编部分保留了原来的 10 种基本结编法,新增加了 12 种编法,共 22 种编法。在绳编技法的应用上,我们选用了全新的花样共 54 种。穿珠部分也较前一册更丰富、更实用、更有新意。选用了新的花样共 56 种,采用了比较简单的穿法,并与绳编巧妙地结合在一起,使朋友们制作起来更加容易上手。

本书注重发挥图片和编法步骤图示的作用,简明清晰,生动形象,再配以简练通俗的编法文字,将绳编与穿珠的基本编法和实用技巧直观地呈现给朋友们,让学习过程变得更加简单轻松、好学易记,从而增加朋友们学习的积极性。

我们的目的就是要让更多的朋友们喜欢上中国结、迷恋上中国结,人人都能成为结艺高手，能用自己的双手装点美化我们的生活，丰富我们的人生。更深一步地讲，就是将我们传统的中国结与现代绳编有机结合，更好地传承和发扬中国结文化。

由于我们水平有限，书中难免会有一些错误，敬请广大读者批评指正。

此书编写过程中，得到了我的大师兄——中国齐白石研究会会长刘仲文先生和我的好姐妹——中国女排领队赖亚文两位大家的热情支持，一个为我题写了书名，一个为我撰写了序言；我的老前辈、好同事高静安老师牺牲了许多休息时间，认真为本书绘制全部步骤图；我的诸位好同事陈丽萍、陈凤庆、黄汧、牛小萍、刘海波等为本书提供了倾情帮助；著名媒体策划人赵颖先生积极联络谋划；摄影师肖楠先生无偿为本书拍摄插图照片；刘源小妹妹为本书打印书稿。在此，对以上朋友们的热忱付出一并表示感谢！

编 者

序 言

　　第一次看到莉莉姐做手工，是在很多年前的一次私人小聚上。当时大家边吃饭边聊天，气氛热烈、兴致正浓。此时，却看到莉莉姐在一旁跟我的儿子一起埋头在做着什么，莉莉姐的手在不停地动作着，又不时给儿子讲解着什么。儿子则仔细地看着莉莉姐的动作，听着她的指导，不时也摆弄一下手中的东西，那份专注那份认真，令我也不由产生了兴趣。

　　过了一会儿，就见儿子兴高采烈地举起手中的物件儿向我展示着，原来是一个用细绳编织成的小挂坠儿。只见一条红绳挽出漂亮的结扣，按照一定的规律排列开来，下面散落出几根细绳，穿上许多个小珠子组成了一件小工艺品，煞是好看，这可是纯手工作品呀。

　　我儿子从小就比一般孩子个头儿高，对体育很感兴趣。没想到他竟也能安安静静地玩儿起似乎是女孩子才感兴趣的手工编绳，我不由得对莉莉姐的手工魅力产生出敬佩之情。

　　再后来，就是每次聚会时，莉莉姐总能在现场即兴制作一些手环、项链之类的编织小玩意，甚至弄出个青蛙、蝴蝶什么的，就如同变魔术一般，为好朋友们不断创造出一些个惊喜，制造了不少的喜悦氛围。渐渐地，耳濡目染，我对中国结的兴趣也愈加浓厚起来。

　　大家都知道我们女排的队员们训练很刻苦，在训练场上挥汗如雨，在赛场上不断创造佳绩，为国争光。也许是出于女孩子的天性，我们队里也有不少队员喜欢弄一些绳编、折纸之类的小玩意儿，自娱自乐，陶冶身心。特别是大强度训练之后，总想能坐下来好好休息，搞点儿自己喜欢的事情，一扫训练的辛苦疲劳，也为生活增添了很多的情趣。莉莉姐的手工编织课因此深受队员们的喜爱，年轻的女孩子们拿出了训练场上不服输的劲头儿，一个个比赛编绳做小玩意儿，一招一式还真就像那么回事儿。看着她们青春活跃甚至有时天真的样子，我的心里喜滋滋的。

中国结是我们中华民族的文化瑰宝之一，学会并传承下来也是我们的一份责任。作为莉莉姐的粉丝，我希望她的巧手不断创造出新的结艺，手工绳编品种越来越丰富多彩。希望爱好中国结的朋友能够越来越多，希望大家都来向莉莉姐学习，像她那样如醉如痴、爱不释手、坚持不懈，更希望她的新书受到追捧。希望中国结艺术不断发扬光大，永远传承。

（中国女排著名运动员，现任中国女排领队）

目 录

一、材料与工具

（一）材料介绍

1. 线

渔线 　　用于穿珠、编图案等，是制作穿珠饰品不可缺少的材料。

绳 　　用于编织，本书绳编部分都用此绳。

2. 珠子

小米珠 　　　管珠 　　　彩珠

花形珠 　　　不规则石 　　　菱形水晶

多菱形水晶 　　　仿珍珠 　　　景泰蓝珠

银饰

3. 配饰

单圈 ⃝ 用于物体两头的连接。

T 字针 | 用于穿珠做坠。

定位珠 ◯ 用于固定珠子位置。

9 字针 用于穿珠子和连接。

包线扣 用于包住线头。

手机管 用于手机挂链。

夹片 用于固定皮绳两头和多余线的两头。

花托 包珠子用。

手机扣 用于手机挂链。

锁扣 有各式锁扣或勾或拧，可自己选择。

耳钩 用于做耳饰。

按扣 用于手链、项链，方便穿戴使用。

流苏 用于结的搭配，使整体更加完美。

（二）工具介绍

1. 尖嘴钳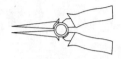

根据需要将9字针和
T字针弯成圈，可大可小。

2. 平口钳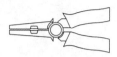

用于夹扁定位
珠或夹小珠。

3. 剪子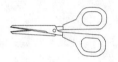

必不可少的好帮手。

4. 打火机

用于烧绳头，
以免编好的手链松
散。

二、绳编制作技巧

（一）开始

本书介绍绳编饰品有六种开始的方法：

1. 直接将绳头对齐在 9cm 处打一个结，然后进行编结（如单绕结部分）

2. 用云雀结开始

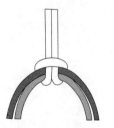

①取 20 厘米长的绳对折，在所要编的绳中心编一个云雀结。

②用最外面的两根绳编一个平结，将所有绳固定。排好顺序，准备编结（如编四根以上绳的手链、脚链）。

3. 用双联结开始

4. 从手链中心花开始编

5. 平结开始

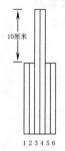

①所有绳对齐，取两根长出10厘米为活动拉绳。

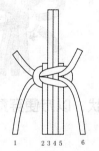

②用最外面两根绳编一个平结。

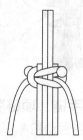

③剪掉多余绳头，用打火机烧一下，以免脱落。

6. 纽扣结开始

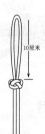

①先编双线纽扣结，不要收紧。

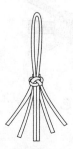

②把其他需要的线穿入纽扣结中心。

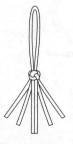

③抽紧纽扣结，将上面多余线头剪掉烧一下，这样把线头都藏在纽扣结的里面了。

（二）结尾

本书介绍的绳编饰品有四种结尾的方法：

1. 单绕结部分

根据所需长度编完后直接打一个结，绳头留9厘米。

2. 四根以上绳（手链、项链、手表带）的结尾

①编到所需长度，用最外侧的两根绳编一个平结，以固定所有绳。

②留两根主线，将其他绳剪掉，并用打火机烧一下，以免松散。

3. 用活动扣将手链、项链变成可长可短的环状，以方便穿戴

方法一：平结活动扣

①将编好的手链、项链、手表带两端交叉。

②另取1根同色线在重合处编4个平结。

③将多余线剪掉。

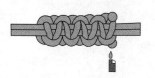

④用打火机烧一下线头，以免脱落。

⑤绳头分别穿入2粒彩珠，打一活结。

方法二：旋转结活动扣（见旋转结）

方法三：两绳头互相系活结或旋转结

用活结结尾

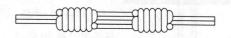

用旋转结结尾

4. 单线双联结收尾

①单线系一个活结。

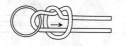

②穿单圈后再回穿①活结里。

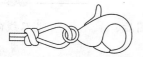

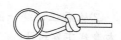

③同双线双联结第二步，绕过右线系活结，拉紧线，线头藏在双联结中，或穿入珠子中。

（三）基本结编法

1. 活结

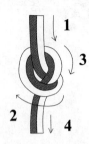 ①取两根绳对齐，如图编结。

 ②上下拉紧。

2. 双线云雀结又称雀头结

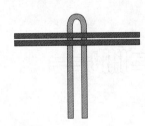 ①将绳对折，与另外2根相交，如图所示。

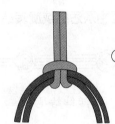 ②穿环并拉紧绳。

3. 单线云雀结

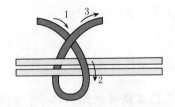 ①按箭头方向，动力线从前往后绕主力线一圈。

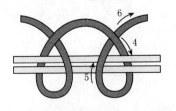 ②从后往前绕一圈后，从本身线下穿过去。

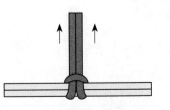 ③双线向上拉紧。

4. 双联结又称双扣结

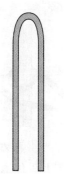

①将绳对折。

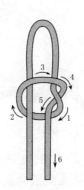

②右手绳从左手绳后往前作环，穿绳，自身系一个活结。

③左手绳绕右手绳从前往后作环，穿绳，系一个活结。

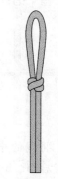

④拉紧绳，完成。

5. 单线双联结

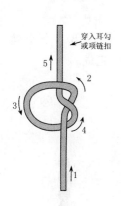

①单线如图系一活结。

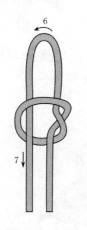

②绳头从第一个活结穿过来。

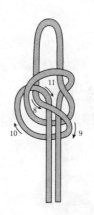

③左手绳绕右手绳，从前往后做环，穿绳。

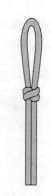

④调整后拉紧绳，完成。

6. 平结（有交替平结和转平结两种）

交替平结：左右手绳交替在主线上编的平结

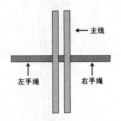

①将线的中心放在主线后面，如图。

②左手绳在上压住主线。

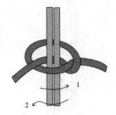

③右手绳压住左手绳，从主线后向左穿出。

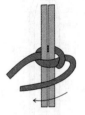

④再右手绳在上压住主线。

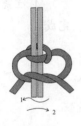

⑤左手绳压住右手绳，从主线后向右穿出。

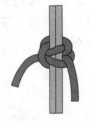

⑥拉紧两线一个平结完成。

⑦重复②③，还是左手绳在上。

⑧4个平结完成。

转平结：单手绳在主线上的平结。

如图，总是左手绳在主线上编，叫左转平结。

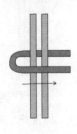
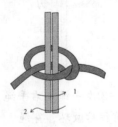
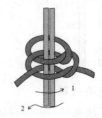

总是右手绳在主线上编，叫右转平结。

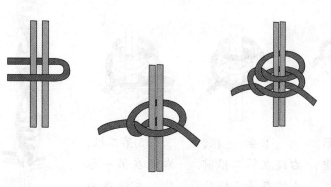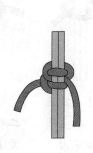

注意：转平结编几个后，它就会自然旋转起来。

7. 双转平结

双左转平结：

①第一根，左绳在上压住主线。

②右绳压左绳，从主线后向左穿出。

③第二根，重复①②。

④第一根，左绳在第二根前，右绳在第二根后，重复①②。

⑤第二根，左绳在第一根后，右绳在第一根前，重复①②。

⑥重复以上步骤。

（注意：编几个后，它会自然旋转起来。）

双右转平结：

  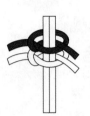   

① 第一根，右绳在上压住主线。

②左绳压右绳，从主线后向右穿出。

③第二根，重复①②。

④ 第一根，右绳在第二根前，左绳在第二根后，重复①②。

⑤第二根，右绳在第一根后，左绳在第一根前，重复①②。

⑥重复以上步骤。

注意：双转平结编几个后，它会自然旋转起来。

8. 单绕结

左单绕结：

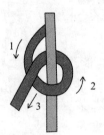 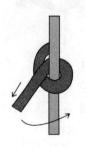  

①把右手绳拉紧，用左手绳围绕它转一圈。

②把左手绳拉紧，完成一个结。

③按上述方法完成第2个结。

④重复上述步骤，直到你需要的长度。

右单绕结：

 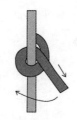  

①把左手绳拉紧，用右手绳围绕它转一圈。

②把右手绳拉紧，完成一个结。

③再按这种方法完成第2个结。

④重复上述步骤，直到你需要的长度。

9. 双绕结又称斜卷结

由两个单绕结组成，也是两个方向，你一定要练得很熟练，它是编绳中最常用的结，分清主线和动力线，可完美地编织出各种图案的饰品。

 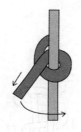 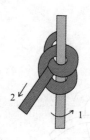

这是右手拿主线，左手拿动力线编的双绕结，也就是2个单绕结，完成一个双绕结。

 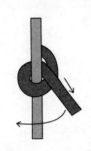 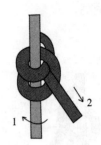

主线　动力线

这是左手拿主线，右手拿动力线编的双绕结。

10. 蛇结（像蛇鳞）

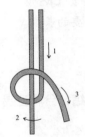 ①右手绳绕左手绳顺时针绕一圈。

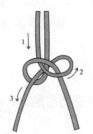 ②左手绳绕右手绳逆时针绕一圈，拉紧两根绳。

 ③重复以上两步骤。

11. 八字结

 ①右手绳绕左手绳从中间穿出。

 ②再绕右手绳从中间穿出。

 ③重复绕主线走8字。

 ④编到你所需长度。

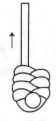 ⑤拉紧，将绳头剪掉，用打火机烧一下。

12. 秘鲁结

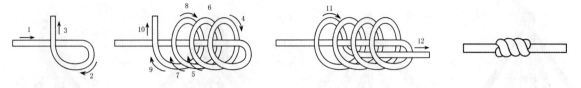

①一根绳对折。　②以另一根绳为轴绕圈。　③从圈内回穿。　④把线收紧。

13. 旋转结

主线→　←动力线

①将动力线对折放在主线旁。

②动力线从下往上顺时针绕圈，从对折处穿出。

③上下两绳拉紧，剪掉多余绳头，用打火机烧一下。

14. 小辫结又称三股辫子结

如图所示编。

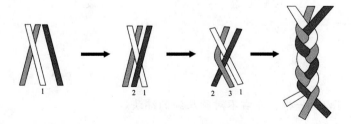

15. 六股辫子结

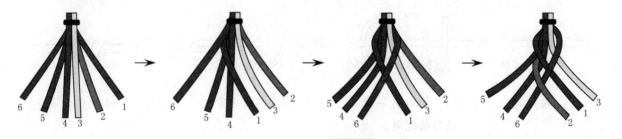

①如图：6根绳排好顺序。

②绳1从绳5、6间绕到前面压在绳4、5前面。

③绳6从绳2、3间绕到前面压在绳3、1前面。

④重复②右边第一根绳从后绕在左边第一和第二两绳间出来压住两根绳。

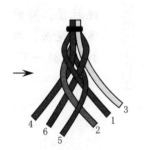

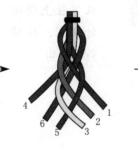

⑤重复③左边第一根绳从后绕在右边第一和第二两绳间出来压住两根绳。

⑥重复②。

⑦重复③。

⑧这是压两根的。

注意：六股辫还可以压一根、左右不对称压绳的编法。

16. 双钱结又称金钱结

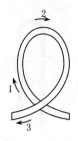 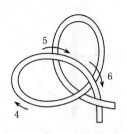 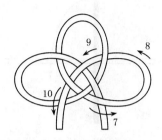

①右手绳压左手绳，形成第一个圈。

②顺时针绕第二圈，两圈相搭，绳头放在左手绳下。

③左手绳逆时针绕第三圈，如图挑一根，压一根，再挑一根，压一根出来。

④两边绳收紧。

17. 单线双钱结

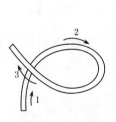 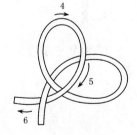 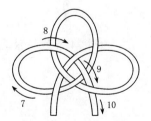

①右手绳压左手绳，形成第一个圈。

②顺时针绕第二圈，两圈相搭，绳头放在左手绳下。

③右手绳继续顺时针绕第三圈，如图压一根，挑一根，再压一根挑一根出来。

④两边绳收紧。

18. 圆玉米结

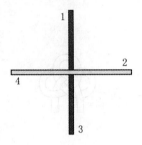

①两根线交叉。

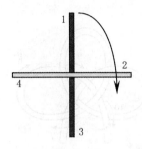

②用1线压2线。

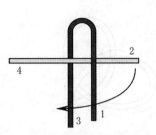

③用2线压1线、3线。

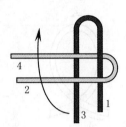

④用3线压2线、4线。

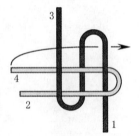

⑤用4线压3线穿1线。

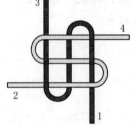

⑥把4条线拉紧。

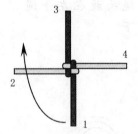

⑦重复步骤②～⑥。

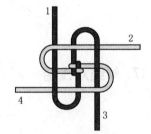

⑧按照同样方法继续编。

⑨编到所需要的长度。

19. 方玉米结

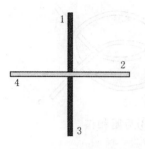

①两根线交叉。

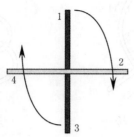

②用1线压2线，
3线压4线。

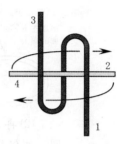

③用2线压1线穿
3线，4线压3线穿1线。

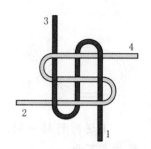

④把线拉紧。

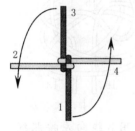

⑤用1线压4线，
3线压2线。

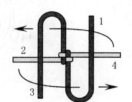

⑥用2线压3线穿
1线，4线压1线穿3线。

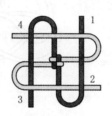

⑦把线拉紧。

⑧重复步骤②~
⑦继续编。

⑨编到所需要的长度。

注意：也可以用编圆玉米结的方法，正
一圈，反一圈重复编。

20. 双线纽扣结

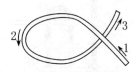

①逆时针转一圈，线放在下面。

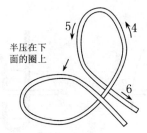

半压在下面的圈上

②再逆时针转一圈，线仍放下面。

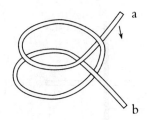

③两圈相搭。

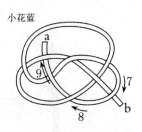

小花蓝

④用a线压b线，顺时针，挑一根，压一根，再挑一根。

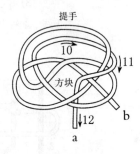

提手

方块

⑤按线的走向，继续顺时针绕过中间提手，从方块中向下穿过。

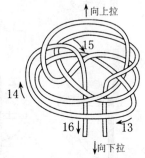

向上拉

向下拉

⑥用b线向左按照线的走向，绕过中间提手，从方块中向下穿过。

⑦整理完成。

21. 单线纽扣结

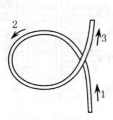

①逆时针绕一圈。

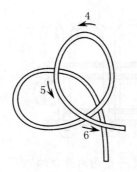

②逆时针绕第二圈，两圈相搭。

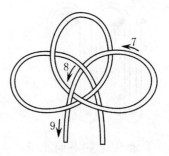

③逆时针绕第三圈：压一根，挑一根，再压一根，挑一根出来。

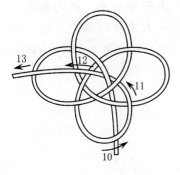

④再逆时针绕第四圈：压一根，挑两根出来。

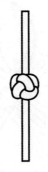

⑤整理，收紧完成。

22. 盘长结

①右线走一个向上开口的"W"。

注意：走直线，拐直角，所有拐角处用大头针固定。

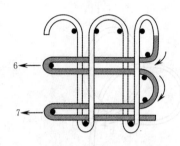

②继续走一个向右开口的"W"。

注意：是双线走。口诀：挑一根，压一根，再挑一根压一根。右线完成。

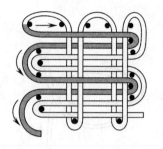

③左线走一个向左开口的"W"。口诀：向右走全压，向左回全挑

注意：左线先向左绕出一个小圈，再向右走，从右上角的圈中穿回，线路要包住向上开口的"W"。

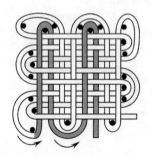

④继续走一个向下开口的"W"。

向上口诀：挑一根，压三根，再挑一根压三根，下来时注意，从左上角的小圈中开始。

向下口诀：挑二根，压一根，挑三根，压一根，再挑一根出来。左线完成。

⑤整理，收紧完成。

注意：①先将四个开口的"W"向外拉紧，中间线路收紧成形。

②留耳朵，将线收紧，一根线走完再走一根。

（四）绳编技法的应用

1. 手链

例1（见彩图1）

材料：5种颜色的绳（绿、黄、红、黑、蓝）各2根，红色1根50厘米长，1根170厘米长，其它颜色1根40厘米长，1根160厘米长；另准备1根长30厘米的绳收尾。8毫米仿珍珠2颗，3毫米小彩珠8颗。

步骤：

（1）先取2根红色的绳对齐，在10厘米处编一个双联结。

（2）并穿1颗8毫米珠。

（3）取其它线对齐，用2根绳编2个平结，将所有绳固定后，剪掉多余绳头，用火机烧一下以免脱落。

（4）同色两根绳一组，短绳为主线，长绳为动力线，分别编单绕结，编到你需要的长度。

（5）先用2根绳编2个平结固定所有的绳，留2根红色的绳做活动拉绳，其它绳都剪掉，红绳并穿一颗8毫米珠后，编一个双联结，最后平结收尾完成。

例2（见彩图2）

材料：

1根60厘米长的绳，1根15厘米长的绳；小金珠一颗，小玉珠5颗。

步骤：

（1）
取60厘米的绳对折，在中心系一个活结。

（2）
并穿入1颗小玉珠。

（3）
编一个双联结。

（4）搓绳：两根绳合成一根绳，方法是两根绳平行，同时分别向一个方向，用手掌心搓绳。在6.5～7厘米处编3个蛇结。

（5）顺序穿小玉珠、小金珠、小玉珠后，编3个蛇结。

（6）继续搓绳，在6.5～7厘米处编一个双联结。

（7）另取1根15厘米长的绳，编2个平结做活动扣，剪掉多余线，用打火机烧一下。主线两根绳分别穿1颗小玉珠后，系一个活结完成。

例 3（见彩图 3）

材料：3 根绳：2 根 60 厘米长的绳，1 根 30 厘米长的绳收尾；玉佩饰 1 个。玉珠：1 厘米 6 颗，4 毫米 4 颗。

步骤：

（1）取 1 根 60 厘米长的绳在玉佩饰一边穿入，对齐绳头后编 2 个蛇结。

（2）并穿 1 颗 1 厘米玉珠后，编 2 个蛇结。

（3）如图共穿入 3 颗 1 厘米玉珠后，编 5 个蛇结。

（4）做玉佩另一边，两边编法相同。最后旋转结收尾完成。

例4（见彩图4）

材料：3根绳：2根60厘米长的绳，1根30厘米长的绳收尾；玉珠：1厘米6颗，5毫米14颗，3毫米4颗。

步骤：

（1）取2根60厘米长的绳对齐，在10厘米处开始编5个蛇结。

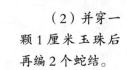

（2）并穿一颗1厘米玉珠后再编2个蛇结。

（3）两根绳分别穿一颗5毫米玉珠后再编2个蛇结。

（4）重复步骤（2）（3），共穿完6颗1厘米玉珠后再编5个蛇结。最后平结收尾完成。

例5（见彩图5）

材料：3根绳：每根长220厘米对折用，另备一根15厘米长的绳；金珠一颗，玉珠：8毫米一颗，4毫米6颗。

步骤：

（1）先取1根绳穿入8毫米玉珠一颗，放在绳中心，绳对折。

（2）另取2根绳包住第一根绳系活结，两边的线一样长。

（3）每2根绳为一组，编3厘米长的小辫结后系一活结。

（4）分2根绳一组，分别编9厘米长的蛇结。

（5）三组蛇结同时穿入金珠后，继续2根绳一组编蛇结，在9厘米左右处系一活结。

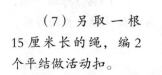

（6）分2根绳
一组，编3厘米长的
小辫结后系一活结。

（7）另取一根
15厘米长的绳，编2
个平结做活动扣。

（8）每根绳各穿一粒小
玉珠打活结，将多余绳头剪
掉，用打火机烧一下，完成。

例6（见彩图6）

材料：两种颜色绳：深色一根，浅色一根，每根长180厘米对折用；另准备2根长30厘米的绳：1根编云雀结，1根收尾；8毫米仿珍珠7～8颗，3毫米小彩珠8颗。

步骤：

（1）云雀结加平结开始，排好顺序。

（2）以1′为主线向左，左手拿，1、2、3为动力线，依次编一个双绕结。

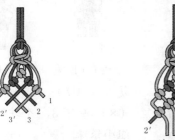

（3）以1为主线向右，右手拿，2′、3′为动力线，依次编一个双绕结。

（4）先以2′为主线向左，左手拿，2、3、1′为动力线，依次编一个双绕结；再以2为主线向右，右手拿，3′、1为动力线，依次编一个双绕结。

（5）先以3、3′两根绳并穿一颗8毫米仿珍珠，两边的绳分别编6个蛇结后，重复步骤（2）（3），共3次。

（6）重复以上步骤编到你所需的长度。

（7）平结收尾。

例7（见彩图7）

材料：2种颜色绳：红、绿两色，每色2根，每根100厘米长；小银珠数颗，8毫米银饰珠一颗。

步骤：

（1）取4根绳同时编一个蛇结，留2根红绳为主线，另2根头剪掉用火机烧一下。

（2）绿色编两个蛇结。

（3）红色连续并穿三颗小银珠，每颗小银珠子之间编半个平结。

（4）绿色编2个蛇结。

（9）重复步骤（7）
（8）共穿8组小银珠。

（10）4根同时编一个蛇结。

（5）取一红一绿编一个蛇结。

（6）红绿一组，各编一个蛇结。

（7）中间红绿编一个蛇结，两边绳各穿1颗小银珠。

（8）重复步骤（6）。

（11）并穿 1
颗银饰珠。

（12）编一个蛇结。

（13）红绿一组
各编 9 个蛇结。

（14）交换一根
绳，再编 9 个蛇结。

（15）共
交换 3 次。

（16）取红色
编 3 个蛇结，将绿
色剪掉烧一下。

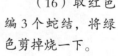

（17）旋转
结收尾，完成。

例8（见彩图8）

材料：2种颜色的绳，每色各1根，每根长180厘米对折用；另准备2根30厘米长的绳：1根编云雀结，1根收尾；3毫米小彩珠8颗。

步骤：

    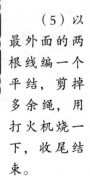

（1）用云雀结加平结开始，排好顺序。

（2）以1′为主线，2、2′为动力线编一个平结。

（3）以2为主线，1、1′为动力线编一个平结。

（4）重复步骤（2）（3），一直编到你所需要的长度。

（5）以最外面的两根线编一个平结，剪掉多余绳，用打火机烧一下，收尾结束。

例9（见彩图9）

材料：3种颜色绳，每色各1根，每根180厘米长对折用；另准备2根长30厘米的绳：1根编云雀结，1根收尾。3毫米小彩珠8颗。

步骤：

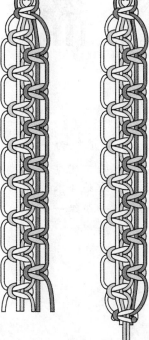

（1）用云雀结加平结开始，排好顺序。

注：白1白2黄3黄4绿5绿6。

（2）以2、3为主线，1、4为动力线编一个平结。

（3）以4、5为主线，3、6为动力线编一个平结。

（4）重复步骤（2）（3）编到你需要的长度。

（5）用最外面的两根绳编一个平结，留2根主线做活动拉绳，其他绳都剪掉，用打火机烧一下，收尾结束。

例 10（见彩图 10）

材料：2 种颜色绳，每种 2 根，每根长 200 厘米；另准备 2 根长 30 厘米的绳：1 根编云雀结，1 根收尾；3 毫米小彩珠 8 颗。

步骤：

（1）用云雀结加平结开始，排好顺序（1、4、3′、2′为黑色，2、3、4′、1′为红色）。

（2）左边 4 根绳为一组编一个平结，右边 4 根绳为一组编一个平结。

（3）先中间两根绳互相交叉绕回原位，再重复步骤（2）。

（4）重复步骤（3），编到你所需要的长度。

（5）用最外两根绳做一个平结，留中间 2 根做活动拉绳，其余线剪掉，用打火机烧一下，收尾完成。

例11（见彩图11）

材料：2种颜色绳各2根，每根180厘米长对折用；另准备2根长30厘米的绳：1根编云雀结，1根收尾；3毫米小彩珠8颗。

步骤：

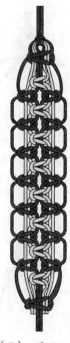

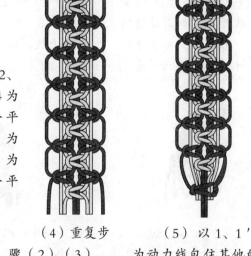

（1）用云雀结加平结开始，排好的顺序。

（2）以4、4′为主线，3、3′为动力线编一个平结。

（3）以2、3为主线，1、4为动力线编一个平结。以3′2′为主线，4′、1′为动力线编一个平结。

（4）重复步骤（2）（3），一直编到你需要的长度后再重复一次步骤（2）。

（5）以1、1′为动力线包住其他的绳编一个平结，留2根主线，剪掉多余绳，用打火机烧一下，收尾完成。

例12（见彩图12）

材料：3种颜色绳，以彩图为例，深蓝、淡蓝各2根：1根180厘米，1根40厘米；粉色1根长180厘米，均对折用；另准备2根长30厘米的绳：1根编云雀结，1根收尾。3毫米小彩珠8颗。

步骤：

（1）用云雀结加平结开始，如图排好顺序，40厘米绳排在2和2′位置，一直为主线。

（2）分左右两组，左边一组，以2、3、4为主线，1、5为动力线，编一个平结。右边一组，以4′、3′、2′为主线，5′、1′为动力线编一个平结。

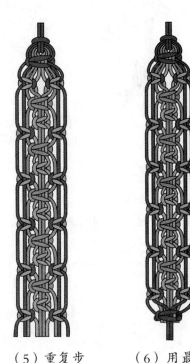

（3）以4、5、5′、4′为主线，3、3′为动力线编一个平结。

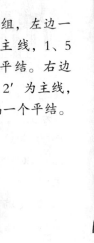

（4）以4、4′为主线，5、5′为动力线编一个平结。

（5）重复步骤（2）（3）（4）一直编到你需要的长度后，再重复一遍步骤（2）。

（6）用最外面的两根绳包住所有绳编一个平结，留2根，其他多余绳头都剪掉，用打火机烧一下，平结收尾完成。

（7）另取一根绳做平结活动扣完成。

例13（见彩图13）

材料：红白两种颜色的绳，每色一根，每根180厘米长对折用；2根40厘米长红绳为主线；3毫米小彩珠8颗。

步骤：

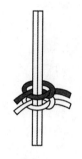

（1）先取一根180厘米的绳，在2根40厘米的主线上，编平结（参见基础结部分双转平结的编法）。

（2）取第二根绳编平结。

（3）用双转平结的编法，直编到你需要的长度。旋转结或双转平结收尾。

例14（见彩图14）

材料：6根绳：1根160厘米长的绳对折用；4根50厘米长的绳，1根30厘米长的绳。3毫米小彩珠8颗。

步骤：

剪开

10厘米

6 5 4 3 2 1

（1）取一根160厘米长的绳对折，在10厘米处编一个纽扣结。

（2）将4根50厘米长的绳对齐，绳头插入纽扣结中，收紧纽扣，剪掉多余绳头，用火机烧一下。

（3）如图剪开10厘米上端，下面编六股辫，（参见基本结部分六股辫的编法），一直编到你所需要的长度。

（4）编一个纽扣结，收尾结束。

例15（见彩图15）

材料：5根绳，每根长220厘米对折用（用量会不一样长）；另准备2根长30厘米的绳：1根编云雀结，1根收尾；3毫米小彩珠8颗。

步骤：

（1）用云雀结加平结开始，排好顺序。

（2）以1主线向左，左手拿，2～10为动力线，依次分别在上编双绕结。

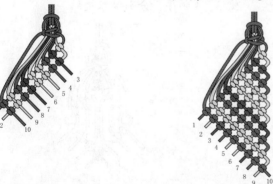

（3）以2主线向左，左手拿，3～10为动力线，依次分别在上编双绕结。

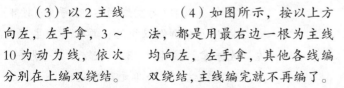

（4）如图所示，按以上方法，都是用最右边一根为主线均向左，左手拿，其他各线编双绕结，主线编完就不再编了。

（5）换右手拿主线，都是以最左边的绳为主线向右，右手拿，其他绳依次为动力线，分别编双绕结，主线编完就不再编了。

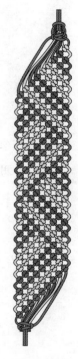

（6）重复步骤（2）～（5），一直编到你需要的长度，平结收尾，完成。

例16（见彩图16）

材料：4根绳：每根长150厘米对折用；另准备2根长30厘米的绳：1根编云雀结，1根收尾。

玉珠：10毫米8颗，5毫米4颗，3毫米30颗。

步骤：

（1）用云雀结加平结开始，排好顺序。

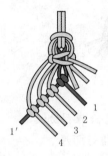

（2）以1′为主线向左，左手拿，按1、2、3、4顺序，分别编双绕结。

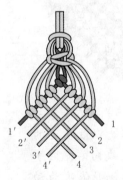

（3）以1为主线向右，右手拿，按2′、3′、4′顺序，分别编双绕结。

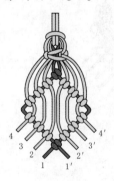

（4）先以1′为主线向右，右手拿，按4、3、2顺序，分别做双绕结；再以1为主线向左，左手拿，按4′、3′、2′、1′顺序，分别编双绕结。一个单元花编完。

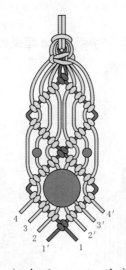

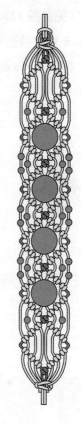

（5）先用3、3′分别穿入1颗3毫米珠后，继续以1为主线向左，左手拿，按2、3、4顺序，分别编双绕结；再以1′为主线向右，右手拿，按2′、3′、4′顺序，分别编双绕结。

（6）先用2、2′并穿一颗1厘米的玉珠后，继续以1为主线向右，右手拿，按4、3、2顺序，分别编双绕结；再以1′为主线向左，左手拿，按4′、3′、2′、1顺序，分别编双绕结。

（7）重复步骤5、6做7遍，在编中间几个单元花时，可在最外一根分别穿入2颗3毫米小玉珠；

重复步骤（2）（3）（4），用两边最外的两根包住其他绳编一个平结，留2根主线做活动拉绳，剪掉多余绳，用打火机烧一下，收尾完成。

例17（见彩图17）

材料：6种颜色的绳：每种1根，每根长200厘米对折用；另准备2根长30厘米的绳：1根编云雀结，1根收尾；3毫米小彩珠8颗。

步骤：

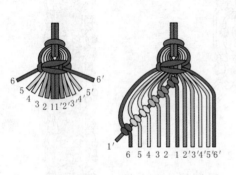 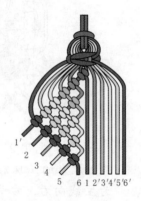 

（1）用云雀结加平结开始，排好顺序。

（2）先以1′为主线向左，左手拿，从中间往左1～6顺序，分别在上编双绕结。

（3）先编左边，分别以2、3、4、5、6为主线，都是左手拿主线，左边顺序编双绕结，主线编完就不编了，左边完成。

（4）右边换方向，都是主线向右，右手拿，对称编。

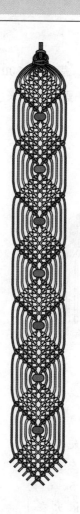

（5）先中间两根并穿一颗小彩珠，再分左右两组编。

（6）重复步骤（5），一直编到你所需的长度后，中间如图编一个双绕结。

（7）平结收尾完成。

例 18（见彩图 18）

材料：6 种颜色绳：每种一根，每根长 200 厘米对折用；另准备 2 根长 30 厘米的绳：1 根编云雀结，1 根收尾；8 毫米仿珍珠一颗，3 毫米小彩珠 8 颗。

步骤：

（1）用云雀结加平结开始，排好顺序。

（2）先以 1 为主线向左，左手拿，2、3、4、5、6 为动力线，依次在 1 上编双绕结。

（3）先编左边，分别以 2、3、4、5、6 为主线向左，都是左手拿主线，左边顺序编双绕结，左边完成。

（4）右边换方向，都是主线向右，右手拿，对称编。

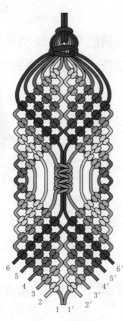

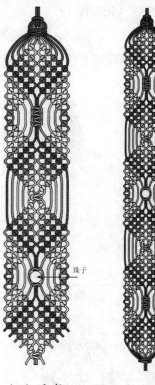

珠子

（5）中间4根一组编3个平结。

（6）先编左边一组：分别以5、4、3、2、1为主线向右，右手拿，其他线依次编双绕结；再编右边一组：分别以5′、4′、3′、2′、1′为主线向左，左手拿，其他线依次编双绕结。

（7）中间4根一组编平结。

（8）重复一遍步骤（2）～（7），将步骤（5）三个平结换成1个平结，中间穿一颗8毫米珠子。再重复一遍步骤（2）～（6）。

（9）再重复一遍步骤（2）～（6），最后用最外两根编1个平结，留2根做活动拉线，剪掉多余线，用打火机烧一下，收尾完成。

例19（见彩图19）

材料：三种颜色，以彩图为例：墨绿1根220厘米长，黄色1根200厘米长，蓝色2根各120厘米长；另准备2根长30厘米的绳：1根编云雀结，1根收尾。3毫米小彩珠8颗。

步骤：

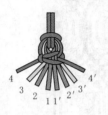

（1）用云雀结加平结开始，排好顺序。

（2）以1、1′为主线，2、2′为动力线编一个平结。

（3）先以2为主线向左，左手拿，3、4为动力线，依次编双绕结；再以2′为主线向右，右手拿，3′、4′为动力线，依次编双绕结。

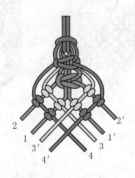

（4）先以1为主线向左，左手拿，3、4为动力线，依次编双绕结；再以1′为主线向右，右手拿，3′、4′为动力线，依次编双绕结。

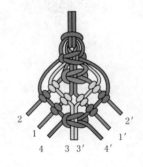

（5）以3、3′为主线，4、4′为动力线编一个平结。

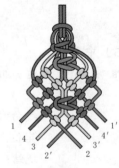

（6）先以1、4、3为主线向左，左手拿，2为动力线，分别在1、4、3上编双绕结；再以1′、4′、3′为主线向右，右手拿，2′为动力线，分别在1′、4′、3′上编双绕结。

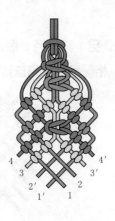

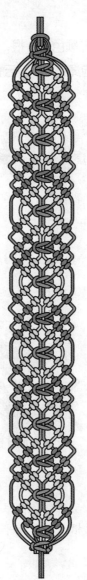

（7）先以4、3为主线向左，左手拿，1为动力线，分别在4、3上编双绕结；再以4′、3′为主线向右，右手拿，1′为动力线，分别在4′、3′上编双绕结。

（8）重复步骤（2）～（7），一直编到你需要的长度，再重复一遍步骤（2）后，用两边最外的一根做一个平结，留2根做活动拉线，剪掉多余线，用打火机烧一下，收尾完成。

例20（见彩图20）

材料：3种颜色的绳：其中2种颜色各2根，每根长180厘米，另1种颜色2根，长160厘米，均对折用；另准备2根长30厘米的绳：1根编云雀结，1根收尾；相配色的小彩珠数颗。

步骤：

（1）用云雀结加平结开始，排好顺序。

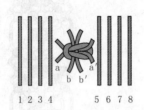

（2）中间4根绳一组编一个平结。

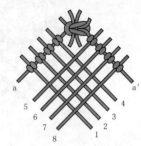

（3）先以a为主线向左，左手拿，4、3、2、1顺序，分别编双绕结；再以a′为主线向右，右手拿，5、6、7、8顺序，分别编双绕结。

（4）先以b为主线向左，左手拿，4、3、2、1、a顺序，分别编双绕结；再以b′为主线向右，右手拿，5、6、7、8、a′顺序，分别编双绕结。

（5）以1、8为动力线，包住中间六根，编一个平结。

（6）先以b为主线向右，右手拿，按a、1、2、3、4顺序依次编双绕结；再以b′为主线向左，左手拿，按a′ 8、7、6、5顺序依次编双绕结。

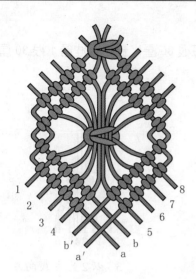

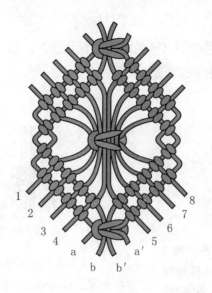

（7）先以 a 为主线向右，右手拿，按1、2、3、4顺序依次编双绕结；再以 a′ 为主线向左，左手拿，按8、7、6、5顺序依次编双绕结。

（8）重复步骤（2），编一个平结。

（9）重复步骤（3）~（8），一直编到你需要的长度。建议编完一个单元图案后，用最外边1、8绳各穿一颗小彩珠；用最外面两根绳编一个平结，留2根绳做活动拉线，剪掉多余线，用打火机烧一下，收尾结束。

例21（见彩图21）

材料：6根不同颜色的绳（一色系的由深到浅），各1根，每根80厘米长；另准备1根30厘米的绳做收尾；3毫米小彩珠8颗。

步骤：

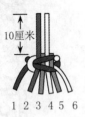

1 2 3 4 5 6

（1）将6根绳对齐，留2根长出10厘米，其他绳排好顺序，用最外的2根绳编一个平结，剪掉多余线头，用打火机烧一下。

1　2 3 4 6 5

（2）以5为主线向右，右手拿，6为动力线，编一个双绕结。

2 1　3 4 6 5

（3）以2为主线向左，左手拿，1为动力线，编一个双绕结。

3 2　1 4 6 5

（4）以3为主线向左，左手拿，1、2为动力线，依次编一个双绕结。

3 2　4 1 6 5

（5）以4为主线向下，左手拿，1为动力线，编一个双绕结。

3 2　4 6 5 1

（6）以1为主线向右，右手拿，6、5为动力线，依次编一个双绕结。

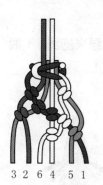

3 2 6 4　5 1

6 3 2 4　5 1

6　3　4 2 5 1

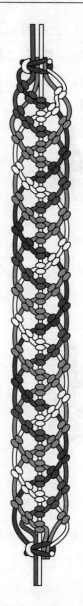

（7）以4为主线向下，右手拿，6为动力线，编一个双绕结。

（8）以6为主线向左，左手拿，2、3为动力线，依次编一个双绕结。

（9）以4为主线向下，左手拿，2为动力线编一个双绕结。

（10）重复步骤（6）~（9）动作，一直编到你需要的长度。用最外的两根编一个平结，留2根做活动拉线，剪掉多余线，用打火机烧一下，收尾完成。

例22（见彩图22）

材料：4根绳：2根深色，2根浅色，每根均2米长对折用；另准备2根长30厘米的绳：1根编云雀结，1根收尾；3毫米小彩珠8颗。

步骤：

（1）用云雀结加平结开始，排好顺序。

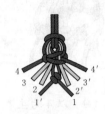

（2）以1′为主线向左，左手拿，1为动力线，编一个双绕结。

（3）以2为主线向右，右手拿，1′为动力线，编一个双绕结。

（4）以2′为主线向左，左手拿，1、2为动力线，分别编一个双绕结。

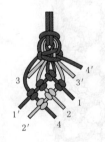

（5）以4为主线向右，右手拿，1′、2′为动力线，分别编一个双绕结。

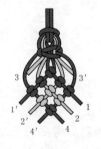

（6）以4′为主线向左，左手拿，1、2、4为动力线，分别编一个双绕结。

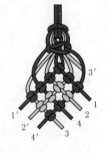

（7）以3为主线向右，右手拿，1′、2′、4′为动力线，分别编一个双绕结。

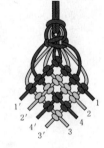

（8）以3′为主线向左，左手拿，1、2、4、3为动力线，分别编一个双绕结。

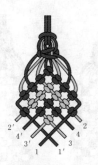

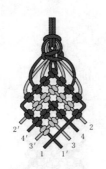

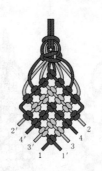

（9）先以2′为主线向左，左手拿，1′为动力线，编一个双绕结；再以2为主线向右，右手拿，1为动力线，编一个双绕结。

（10）以1′为主线向右，右手拿，4′、3′为动力线，分别编一个双绕结。

（11）以1为主线向左，左手拿，4、3、1′为动力线，分别编一个双绕结。

（12）以2′为主线向右，右手拿，4′、3′、1为动力线，分别编一个双绕结。

（13）以2为主线向左，左手拿，4、3、1′、2′为动力线，分别编一个双绕结。

（14）重复步骤（9）～（13），编到手链中间（一半儿的位置），再重复一遍步骤（9）～（11）。

（15）先以2为主线向右，右手拿，4、3为动力线，分别编一个双绕结。再以2′为主线向左，左手拿，4′、3′为动力线，分别编一个双绕结。

（16）先以3为主线向左，左手拿，4、为动力线，编一个双绕结。再以3′为主线向右，右手拿，4′为动力线，编一个双绕结。

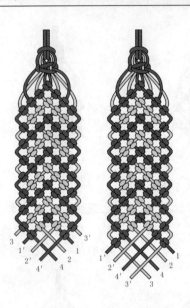

（17）先以1′为主线向左，左手拿，2、4为动力线，分别编一个双绕结。再以1为主线向右，右手拿，2′、4′为动力线，分别编一个双绕结。

（18）先以3为主线向右，右手拿，1′为动力线，编一个双绕结。再以3′为主线向左，左手拿，1为动力线，编一个双绕结。

（19）先以2′为主线向左，左手拿，4、3、1′为动力线，分别编一个双绕结。再以2为主线向右，右手拿，4′、3′、1为动力线，分别编一个双绕结。

（20）先以4′为主线向左，左手拿，3、1′为动力线，分别编一个双绕结。再以4为主线向右、右手拿，3′、1为动力线，分别编一个双绕结。

（21）重复步骤（18）~（20），编到你所需要的长度。

（22）平结收尾完成。

注：此款手链的图案是上下对称的心形，所以要注意主线、动力线的变化。

例23（见彩图23）

材料：4根绳：每根长200厘米对折用；另准备2根长30厘米的绳，1根做开始的云雀结，1根做收尾；3毫米小彩珠8颗。

步骤：

（1）用云雀结加平结开始，从右到左1～8排好顺序（从左到右按4粉2黄2蓝排好顺序）。

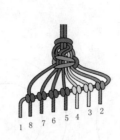

（2）以1为主线向左，左手拿，2～8为动力线，从右到左顺序，依次编双绕结。

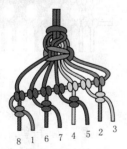

（3）两根绳一组，共4组：先以2为主线，左手拿向下，3为动力线，编双绕结；再分别以4、6、8为主线向下，左手拿，5、7、1为动力线，分别在4、6、8上编双绕结。

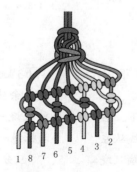

（4）从右到左重新排队，以1为主线向左，左手拿，2～8顺序依次编双绕结。

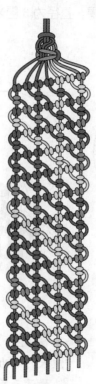
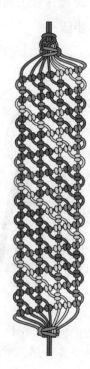

（5）重复步骤（3）、（4），一直编到你需要的长度。

（6）选2根绳编1个平结，将所有绳包在中间固定，剪掉多余绳，用火机烧一下，收尾完成。

例24（见彩图24）

材料：5种颜色绳：每种2根，每根100厘米长对折用，2根浅颜色的绳为主线，每根长35厘米，1根30厘米长的绳收尾。直径为3厘米的路路通一个；3毫米小彩珠8颗。

步骤：

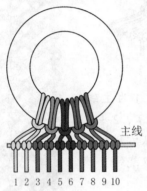

主线

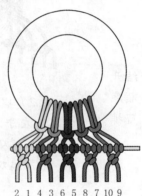

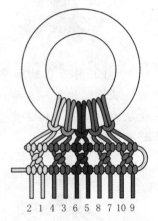

（1）取5种颜色的绳各一根，对折在装饰环上分别编一个云雀结。

（2）取1根35厘米的绳为主线，一头横放云雀结下，右手拿，其他各线从左到右依次在上编双绕结。

（3）先将主线左边多余线头剪掉，用火机烧一下固定，再两根绳一组：1、3、5、7、9分别为主线向右，右手拿，2、4、6、8、10为动力线，分别在1、3、5、7、9上编双绕结。

（4）主线横向左，左手拿，其他各线从右到左顺序依次编双绕结。

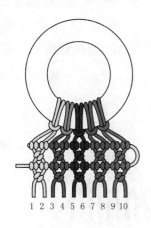

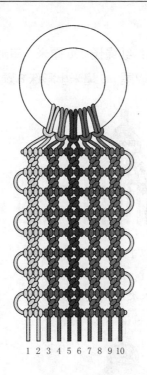

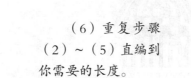

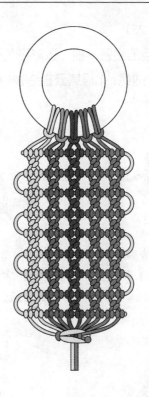

（5）两根一组，1、3、5、7、9分别为主线向右，右手拿，2、4、6、8、10为动力线，分别在1、3、5、7、9上编双绕结。

（6）重复步骤（2）～（5）直编到你需要的长度。

（7）先剪掉多余主线，用火机烧一下固定，再用最外两根编一个平结，留2根绳做活动拉绳，其他绳都剪掉，用火机烧一下，一边完成。

（8）用以上方法编另一边，平结收尾完成。

例25（见彩图25）

材料：5种颜色的绳各一根，以彩图为例：红绳长200厘米，其他绳各长100厘米对折用；另准备2根长30厘米的绳：1根编云雀结，1根收尾。3毫米小彩珠8颗。

步骤：

（1）用云雀结加平结开始，排好顺序，1和1′为红色绳。

（2）以1′为主线向左，左手拿，1、2、3、4、5为动力线，依次编双绕结。

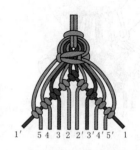

（3）以1为主线向右，右手拿，2′、3′、4′、5′为动力线，依次编双绕结。

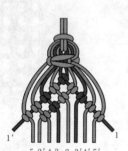

（4）以2′为主线向左，左手拿，2、3、4为动力线，依次编双绕结。

（5）以2为主线向右，右手拿，3′4′为动力线，依次编双绕结。

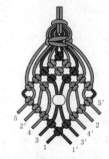

（6）先中间2根并穿一颗小彩珠后，以1′为主线向右，右手拿，5、2′、4、3（从左到右）为动力线，依次编双绕结。再以1为主线向左，左手拿，5′、2、4′、3′、1′（从右到左）为动力线，依次编双绕结。

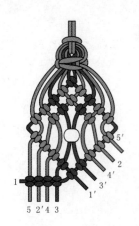

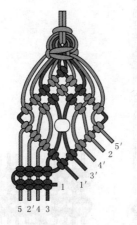

（7）中间分左右两组，先编左组：以1为动力线左手拿，依次在从中间线往左各线上，分别编双绕结。

（8）以1继续为动力线，从左到右顺序分别在每一根上编双绕结。

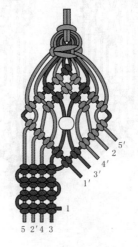

（9）重复步骤（7）（8）。

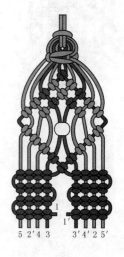

（10）编右组：要与左图对称，以1′为动力线右手拿，1在其他4根上分别编双绕结。

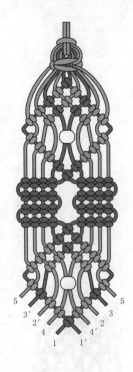

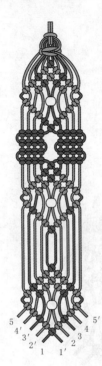

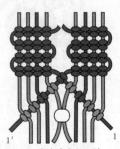

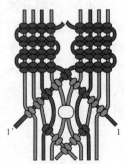

（11）重复步骤（2）~（6）。

（12）再重复一遍（2）~（6），两组花儿之间间距为1厘米。

（13）重复步骤（7）~（10）。

（14）重复步骤（2）（3）后，中间两根线并穿一颗小彩珠。

（15）先以4′为主线向右，右手拿，3′、2′为动力线，依次编双绕结；再以4为主线向左，左手拿，3、2、4′为动力线，依次编双绕结。

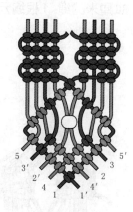

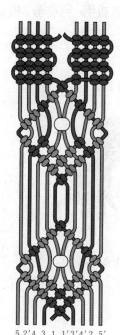

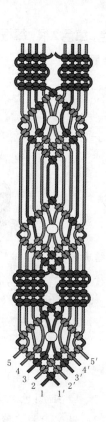

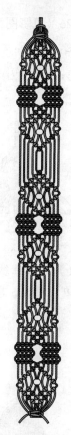

（16）先以1′为主线向右，右手拿，5、3′、2′、4为动力线，依次编双绕结；再以1为主线向左，左手拿，5′、3、2、4′、1′为动力线顺序依次编双绕结。

（17）重复（14）～（16），两个单元图案之间间距1厘米。

（18）先重复步骤（7）～（10），再重复步骤（14）～（16）。

（19）最后平结收尾完成。

例26（见彩图26）

材料：8根绳：4种颜色，每色2根，每根长3米对折用；另准备2根长30厘米的绳：1根编云雀结，1根收尾；3毫米小彩珠8颗。

步骤：

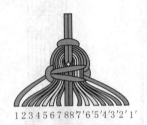

（1）用云雀结加平结开始，两边绳对称，排好顺序。

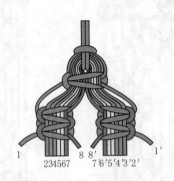

（2）左右两组各做两个平结。

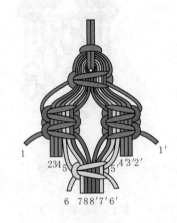

（3）中间8根为一组做一个平结。

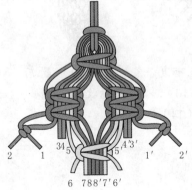

（4）左右两组颜色对称，先以2为主线向左，左手拿，1为动力线编双绕结；再以2′为主线向右，右手拿，1′为动力线编双绕结，右组对称。

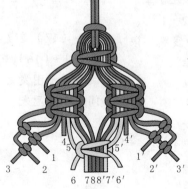

（5）先以3为主线向左，左手拿，1、2为动力线，分别编双绕结；再以3′为主线向右，右手拿，1′、2′为动力线，分别编双绕结。

（6）如图：按4、5、6、7、8顺序分别为主线，其他线顺序编双绕结。左右对称。

（7）以1′为主线向左，左手拿，1～8顺序依次编双绕结。

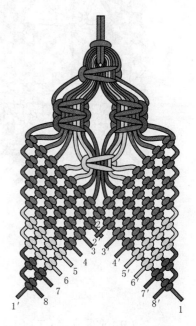

（8）以1为主线向右，右手拿，2′～8′顺序依次编双绕结。

1'
2'
3'
4'
5'
6'
7'
8'

1
3
5
6
7
8

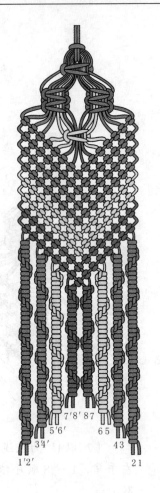

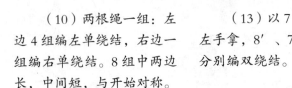

7'8' 8 7
5'6'   6 5
3'4'   4 3
1'2'   2 1

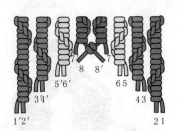

8 8'7'
5'6'   6 5
3'4'   4 3
1'2'   2 1

（11）以 8 为主线向左，左手拿，8' 为动力线编双绕结。

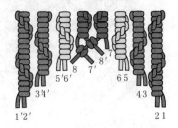

8 7' 7'
5'6' 8 7'   6 5
3'4'   4 3
1'2'   2 1

（12）以 7' 为主线向右，右手拿，8 为动力线编双绕结。

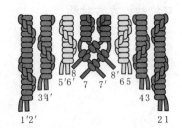

8 8'
5'6' 7 7' 8' 6 5
3'4'   4 3
1'2'   2 1

（13）以 7 为主线向左，左手拿，8'、7' 为动力线，分别编双绕结。

（9）重复步骤（7）（8），注意：每根绳都当一次主线，主线编完就不再编了。

（10）两根绳一组：左边 4 组编左单绕结，右边一组编右单绕结。8 组中两边长，中间短，与开始对称。

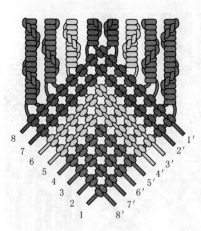

（14）以此类推，左
右8条线都当一次主线，
其他线依次编双绕结，主
线编完就不再编了。

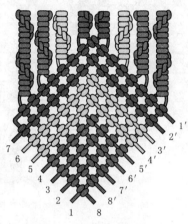

（15）以8为主线
向右，右手拿，7～1
顺序依次编双绕结，

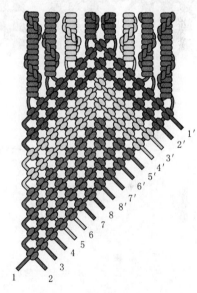

（16）以此类推，
左边每根绳都当一次主
线，主线编完不再编了。

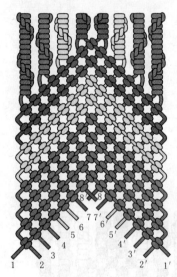

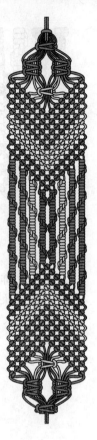

（17）右边对称编。

（18）中间8根为
一组编一个平结。

（19）左右分两组
各做两个平结。

（20）最后
平结收尾完成。

2. 耳饰

例1（见彩图27）

材料： 2种颜色（同色系）的绳各2根，每根长50厘米左右。直径5.5厘米圆形圈1对（可用绳代替）；耳钩一对。

步骤： 以其中一个为例

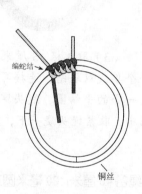

编蛇结

铜丝

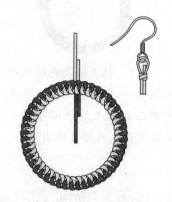

（1）取两条线在圆形圈上编蛇结。

（2）编一圈后，看到4个绳头，剪掉两条线，用打火机烧一下。

（3）用剩下的一根编一个单线的双联结，将耳钩固定，还剩一根穿入双联结中，将双联结收紧完成。

例2（见彩图28）

材料： 两种颜色的绳：大圈平结用绳：深色2根，各150厘米长；小圈平结用绳：浅色2根，各100厘米长；主线：大圈：12厘米长4根，小圈：7厘米长4根，也可用铜丝代替；另准备2根15厘米深色的绳；耳钩一对。

步骤：以一个耳饰为例

（1）先用 7 厘米和 12 厘米的绳分别做大、小 2 个圈，如图。

（2）取 2 根浅色绳在小圈上编一圈平结；取 2 根深色绳在大圈上编一圈平结，绳头相连处用打火机固定。

（3）取 1 根 15 厘米的绳编一个单线双联结，连接耳钩和一大一小的平结圈，线头穿入双联结中，收紧绳头烧一下，完成。

例 3（见彩图 29）

材料：双色绳每色各 2 根，每根长 150 厘米对折用；另取 2 根深色绳各 40 厘米；20 毫米圆珠 2 个，4 毫米彩珠 2 颗；4.5 厘米铁环 2 个；耳钩一对。

步骤：以一个耳饰为例

（1）取一深一浅两条线在铁圈上编双线转平结。

（2）编完整一圈，将多条线头剪掉，用打火机烧一下固定。

（3）取一根 40 厘米绳。穿耳钩后编一个双联结，双线夹住做好的环并穿 4 毫米彩珠和 20 毫米圆珠后，编一个纽扣结完成。

例4（见彩图30）

材料： 16根50厘米长的绳，深色4根，浅色12根，2根20厘米长的绳。5毫米珠数48颗；耳钩一对。

步骤： 以一个耳饰为例

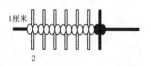

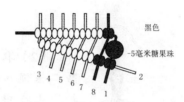

黑色

-5毫米糖果珠

背面

（1）取一根50厘米长的绳为主线，再取7根分别在上编双绕结，一边留1厘米，排好顺序。

（2）以2为主线向右，右手拿，3、4、5、6、7、8、1依次为动力线在上编双绕结。

注意：最后一根先穿一颗5毫米珠子后再编双绕结。

（3）重复步骤（2），共编24行。如图：将线头穿入步骤（1）对应的双绕结后面，一边插一边调整，合适后剪掉多余线头，用火机烧一下。另一头的线直接剪掉烧一下。

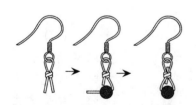

（4）取20厘米绳穿入耳钩编一个双联结后，单线穿过一颗5毫米珠，再回穿双联结中，调整位置收紧线头，把多余线头剪掉烧一下。

（5）完成。此耳饰必须是3个周期才能出花纹。

例5（见彩图31）

材料：5种不同颜色的绳，每色2根，每根50厘米长；彩珠：16毫米2颗、6毫米10颗、4毫米36颗，扁花型珠10颗；耳钩一对。

步骤：以一个耳饰为例

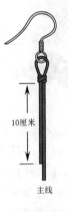

（1）取一根绳穿入耳钩一边10厘米，一边40厘米编一个双联结。

10厘米

主线

（2）取第二根绳对折，从线中间开始，以耳钩上短线为主线左手拿，编双绕结。

主线

（3）另一边穿入一颗4毫米珠后，再以短绳为主线左手拿，编双绕结。

主线

（4）将其他三根绳按步骤2、3编双绕结。

主线

（5）以耳钩上长线为主线左手拿，其他线顺序依次编双绕结。两条主线之间不要有空隙。

主线

（6）依然以耳钩上长线为主线先反方向，右手拿主线，其他线顺序依次编双绕结。中间线如图穿珠。

（7）主线穿一颗花型珠后再反方向，左手拿主线，其他线顺序依次编双绕结。

（8）重复步骤（6）（7）三次，再转回一次，剪掉线头烧一下，长主线完成。

（9）短的主线穿一颗16毫米珠后，右手拿主线，其他线顺序依次编双绕结。

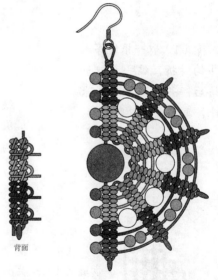

背面

（10）两根一组，用其中一根绳穿珠后直接穿另一根绳背后，同样短主线穿珠会穿长主线背后，整理收紧，剪掉多余线头，用火机烧一下完成。参见背面示意图。

例 6（见彩图 32）

材料：9 根绳每根 30 厘米左右，两组；8 毫米仿珍珠 2 颗；耳钩一对。

步骤：以一个耳饰为例

（1）取一根绳穿入耳钩对折，编一个双联结后，并穿一颗 8 毫米珠，再编一个双联结。

（2）以 1 为主线，其他 8 根绳依次在上编双绕结，两边线均等长。

（3）分左右两组，左边一组：以 2 为主线向下，右手拿，3、4、5、6、7、8、9、1 为动力线，依次在上编双绕结。

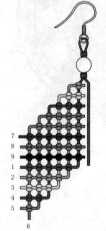

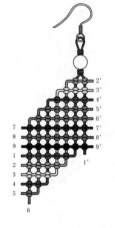

（4）重复步骤（3），共 6 行。

（5）以 1′ 为主线向下，左手拿，2′、3′、4′、5′、6′、7′、8′、9′ 为动力线，依次在上编双绕结。

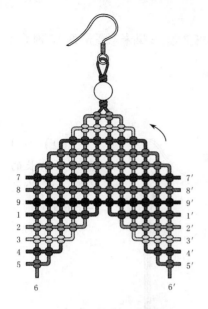

（6）右边一组编法
与左边对称，也编6行。

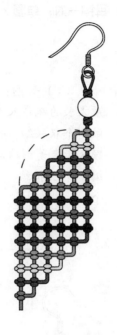

（7）左右两边对折，
两根绳一组：一边为主线，
一边为动力线编双绕结。

注意：每组编完要将线
头放在里面，再编下一组。

（8）剪掉多余线头，
用打火机烧一下，完成。

例7（见彩图33）

材料：10根40厘米长的绳，2根50厘米长的绳；16毫米仿水晶珠2颗，8毫米多菱形珠10颗（与绳相同颜色），4毫米水晶珠10颗；耳钩一对；单圈2个。

步骤：以一个耳饰为例

单圈

-8毫米多菱形珠
橙色

（1）如图：取40厘米长的绳穿入单圈后做一个双联结，并穿一颗8毫米菱形珠后，再编一个纽扣结，共做5个。

（2）取1根50厘米长的绳穿入耳钩做一个双联结。

-4毫米仿水晶珠
橙色

-16毫米多菱形珠
橙色

（3）依次穿入1颗4毫米珠、单圈、4颗4毫米珠、一颗16厘米珠后，编一个纽扣结完成。

例8. 云雀结耳饰（见彩图34）

材料：7种颜色的绳，每色两根，每根30厘米长，另取其中一个颜色80厘米2根，做云雀结。8毫米菱形仿水晶珠：7种颜色各2颗。耳钩一对。直径2厘米铁圈2个。

提示：绳与珠颜色要搭配对称。

步骤：以一个耳饰为例

8毫米多菱形珠

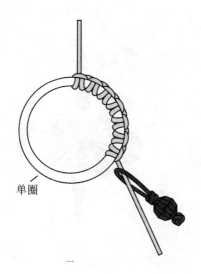

单圈

编20个云雀结

（1）取一根30厘米绳对折在1厘米处编一个双联结后，并穿同色8毫米珠，再编一个纽扣结。一共做7个珠坠。

（2）取80厘米长的绳在铁圈上编7个雀头结，穿一个做好的珠坠。

（3）每编一个雀头结后穿一个珠坠，一个耳环上穿7个不同颜色的珠坠后，继续编7个雀头结，绳头穿入耳钩，减掉多余绳，两绳头用打火机烧一下，粘合一起完成。

例9. 盘长结耳饰（见彩图35）

材料：2种颜色绳各2根，每根70厘米长；12毫米玉珠2个；耳钩一对。

步骤：以一个耳饰为例

（1）取一根深色的绳穿入耳钩对折，编一个双联结。

（2）加入另一根编一个4道盘长结，整理成形。

（3）深色绳编一个双联结，浅色绳在中间并剪掉多余线烧一下，深色绳并穿一颗玉珠后编一个组扣结，整理完成。

3. 吉祥小挂坠

例 1. 平安挂坠（见彩图 36）

材料：2 根 50 厘米长的绳，小彩珠数 10 颗，仿珍珠：5 毫米 6 颗，8 毫米 4 颗。

步骤：

（1）取 50 厘米绳对折，在 4 厘米处做一活结。

（2）另取一根在活结下做 3～4 个平结。

（3）主线各穿一颗 5 毫米的仿珍珠。

（4）编三个左转平结。

（5）如图继续两边各穿一颗 5 毫米仿珍珠，编 3 个左转平结，再各穿一颗 5 毫米的仿珍珠后，编 3～4 个平结。

（6）每根分别穿入数颗小彩珠，加一颗 8 毫米的仿珍珠后系一活结，调整后剪掉多余线，用打火机烧一下，完成。

例2. 白菜挂坠（见彩图37）

材料：一根80厘米绳对折用，5毫米小玉珠10颗，玉坠1个。

步骤：

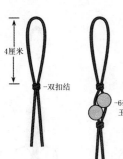

4厘米

一双扣结

（1）取80厘米的绳对折，在4厘米处编一个双联结。

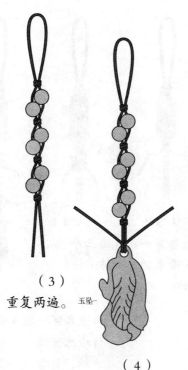

一6毫米玉珠

（2）每根分别穿一颗小玉珠后再编一个双联结。

（3）重复两遍。

玉坠一

（4）双线穿入玉坠。

平结

（5）往回编2个平结，线要拉紧。

八字结

（6）两条线分别穿入2颗小玉珠，做八字结，完成。

例 3. 蛇结挂坠（见彩图 38）

材料：两根绳：一根 50 厘米，一根 40 厘米；4 毫米菱形珠：浅的 4 颗，深的 16 颗。

步骤：

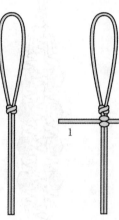

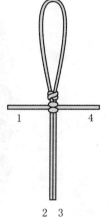

（1）取 50 厘米绳对折，在 4 厘米处编一个双联结。

（2）取另一根在第一根上编一个双绕结，两边留线一样长。

（3）将 2、3 两根主线编 2 个蛇结。

（4）将 1、2 两根编 2 个蛇结，将 3、4 两根再编 2 个蛇结。

（5）将 2、3 两根编 2 个蛇结，将 1、4 两根分别穿入一颗菱形珠。

（6）重复步骤（4）。

1 2 3 4

1   4

2   3

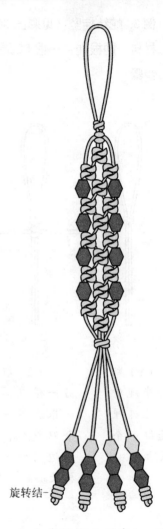

旋转结

（7）重复3次
步骤5、6，再将2、
3编两个蛇结。

（8）将1、4编
一个双联结，2、3夹
在中间。

（9）每根线分别穿入一浅两
深3颗菱形珠，做旋转结，完成。

例4. 五彩蛇结坠（见彩图39）

材料：五种颜色绳（红、黄、蓝、绿、橙）各一根，每根长约40厘米；12毫米玉珠一颗，小彩珠数颗。

步骤：

（1）取红色绳对折，在4厘米处编一个双联结。

（2）并穿12毫米玉珠一颗后，编一个双联结。

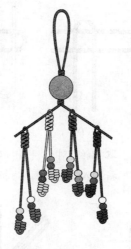

（3）在两根红绳上分别用两种颜色绳，做4个蛇结，每根分别穿2粒彩珠后编八字结，剪掉多余线头用打火机烧一下，结束。

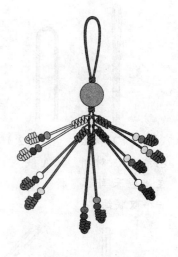

（4）主线红绳编3个蛇结，每根分别穿2粒彩珠后，编八字结，剪掉多余线头用打火机烧一下，完成。

注意：1. 开始编各组蛇结时都不要留线。

2. 最后穿珠的线不要求一样齐，可以长短错落不齐。

例5. 五色蛇结挂件（见彩图40）

材料：红（A）、黄（B）、蓝（C）、绿（D）、黑（E）五种颜色的绳各一根，每根40厘米长对折用；15厘米黑绳一根，12毫米玉珠一颗。

步骤：

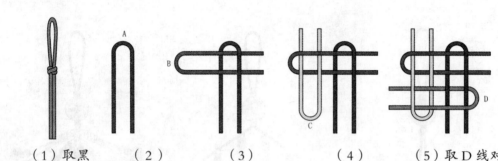

（1）取黑色线（E）对折在4厘米处编一个双联结。

（2）取A线对折。

（3）取B线对折穿入A。

（4）取C线对折穿入B。

（5）取D线对折穿入C后，A线从D穿过。

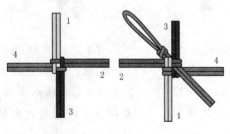

（6）将4个绳头向外拉紧。

（7）取黑线E从中心穿入，逆向再编一个玉米结。

（8）A、B、C、D分别编9个蛇结。

（9）主线E并穿一颗12毫米玉珠后，A、B、C、D编两个玉米结。

（10）另取一根15厘米黑绳，将所有绳包住，编旋转结，其他绳留8厘米，剪掉多余部分，完成。

例 6. 风信子挂坠（见彩图 41）

材料：4 根绳，每根分别为 70 厘米、60 厘米、50 厘米、40 厘米长；12 毫米玉珠一颗，小彩珠数颗。

步骤：

（1）取 70 厘米绳对折，在 4 厘米处编一个双联结。

（2）并穿一颗 12 毫米玉珠后，再编一个双联结。

（3）分开两线成一字。

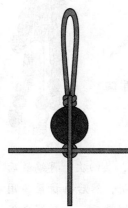

（4）取 60 厘米绳中心与一字线十字相搭。

（5）编 2 个玉米结。

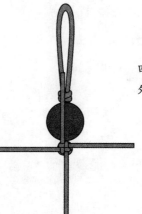

（6）四根绳向外拉紧。

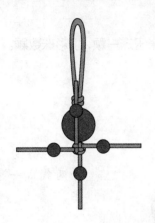

（7）四根绳
分别穿入小彩珠。

（8）再编1
个圆玉米结。

（9）抽紧。

（10）再编
1个圆玉米结。

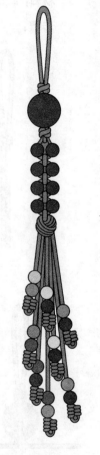

（11）先重复步骤（7）~（10），共四次，再编最后
两个玉米结，拉紧前先加挂2根绳对折，然后再拉紧。用
8根绳一起编一个活结，把每根绳都拉紧后，分别穿2粒
小彩珠，做八字结，剪掉多余绳用打火机烧一下，完成。

例 7. 吉祥挂坠（见彩图 42）

材料：6 根绳，每根 60 厘米长对折用，1 根 15 厘米长的绳；玉珠：5 毫米 14 颗、3 毫米 12 颗。

步骤：

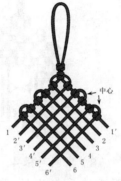

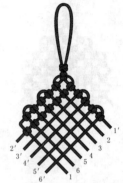

（1）任取一根绳对折在 4 厘米处编一个双联结为主线，再取一根绳为动力线，编一个双绕结（两边线等长）。

（2）以 1 为主线向左，左手拿，以 2 为动力线编双绕结，再取两根绳对折，如图在 1 上做双绕结（注意中心点）。

（3）以 1′ 为主线向右，右手拿，以 2′ 为动力线编双绕结，再取两根绳对折，如图在 1′ 上编双绕结（注意中心点）。

（4）以 2′ 为主线向左，左手拿，2、3、4、5、6、1 分别为动力线，编双绕结。

（5）以 2 为主线向右，右手拿，3′、4′、5′、6′、1′ 分别为动力线，编双绕结。

（6）重复步骤（4）。

（7）重复步骤（5）。

（8）中间两根 4、4′同时并穿入两颗玉珠后，以 3′为主线，向右，右手拿，从左到中心 2′、1、6、5、4 分别为动力线做双绕结。

（9）以 3 为主线向左，左手拿，从右到中心 2、1′、6′、5′、4′、3′分别为动力线做双绕结。

（10）如图，再分别以最左和最右两根绳为主线，重复步骤（8）、（9），再编两行。

（11）另取 15 厘米长的绳做旋转结将所有线包住，剪掉多余绳，打火机烧固定，每根绳分别穿入两颗珠子后做旋转结，剪掉多余绳，打火机烧固定，完成。

注意：流苏要一样长。

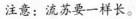

例8. 双绕与蛇结挂坠（见彩图43）

材料：3根绳每根80～90厘米，一根20厘米的绳；12毫米玉珠一颗，8毫米仿珍珠6颗，小彩珠12颗。

步骤：

（1）任取一根绳对折，在4厘米处编一个双联结后当主线，再分别取另外两根绳为动力线，如图，编一个双绕结，两边绳要一样长。

（2）先以3为主线向左，左手拿，以2、1分别为动力线编双绕结，再以3′为主线向右，右手拿，以2′、1′为动力线分别编双绕结。

（3）以2′为主线向左，左手拿，以2、1、3为动力线分别编双绕结。

（4）以2为主线向右，右手拿，以1′、3′为动力线分别编双绕结。

（5）先以1为主线向左，左手拿，以3、2′为动力线分别编双绕结，再以1′为主线向右，右手拿，以3′、2为动力线分别编双绕结。

（6）最外两根分别编7个蛇结，中间两根并穿一颗12毫米玉珠。

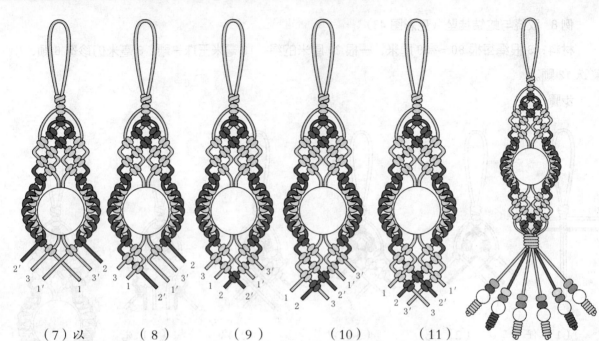

（7）以
1为主线向
右，右手拿，
以2′、3为
动力线分别
编双绕结，
再以1′为
主线向左，
左手拿，2、
3′为动力
线分别编双
绕结。

（8）以2′为主
线向右，右
手拿，以3、
1为动力线
分别编双
绕结。

（9）
以2为主线
向左，左
手拿，以
3′、1′、
2′为动力
线分别编
双绕结。

（10）
以3为主线
向右，右手
拿，以1、
2为动力线
分别编双绕
结。

（11）
以3′为主
线向左，左
手拿，以
1′、2′为
动力线分别
编双绕结。

（12）另取
一根20厘米长的
绳，将所有绳包
住做旋转结，剪
掉绳头，用打火
机烧一下。在每
根绳上分别穿入2
颗小彩珠和1颗8
毫米珠，绳尾用
旋转结收尾，流
苏可长短不一。

例9. 太阳花挂坠（见彩图44）

材料： 2根10厘米绳做圈，1根1米长的绳做平结环； 1根50厘米长绳做主线；1根15厘米长的绳做旋转结； 4根20厘米长的绳做流苏。彩珠：16毫米1颗，6毫米10颗，4毫米10颗。

步骤：

（1）
分别取10厘米长的绳，用打火机烧接成2个平排圆环(也可用铁环代替。)

（2）取一根1米长的绳对折在绳圈上编一圈平结，注意相连处用打火机烧一下连接。

（3）
另取一根50厘米长的绳对折，在4厘米处编一个双联结。

（4）包住平结圈的一边后，并穿一颗16毫米彩珠，再包住平结圈另一边后，编一个双联结。

（5）
包住4根20厘米的绳中心，系一个活结。

（6）取15厘米长的绳包住所有绳做旋转结，收紧绳，剪掉多余绳头，用火机烧一下。每根绳头各穿入两粒珠子，做单线纽扣结，完成。

单线纽扣结做法参见基本结部分。

例 10 水滴挂坠（见彩图 45）

材料：3 根绳，长度分别为：50 厘米、150 厘米、15 厘米；同色珠：12 毫米 1 颗、8 毫米 1 颗、6 毫米 3 颗、4 毫米 1 颗。

步骤：

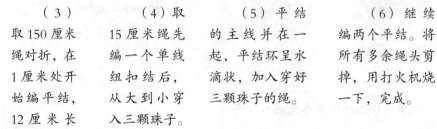

（1）取 50 厘米绳对折，在 4 厘米处做一个双联结。

（2）两绳分别穿 1 颗 6 毫米珠子后再编一个双联结。

（3）取 150 厘米绳对折，在 1 厘米处开始编平结，12 厘米长即可。

（4）取 15 厘米绳先编一个单线纽扣结后，从大到小穿入三颗珠子。

（5）平结的主线并在一起，平结环呈水滴状，加入穿好三颗珠子的绳。

（6）继续编两个平结。将所有多余绳头剪掉，用打火机烧一下，完成。

例11. 双钱结小挂饰（见彩图46）

材料：红、黄颜色的绳：黄色1根40厘米长，红色1根50厘米长，另取一根30厘米长的红绳和一根20厘米长的红绳。12毫米玉珠和8毫米珠各一颗，流苏一个。

步骤：

（1）先双线一起编一个双钱结，红绳在外。

（2）一个方向连续编共4个单线双钱结，结束时两个绳头错开连接。

（3）取30厘米红绳对折在4厘米处编一个双联结、并穿一颗12毫米珠后再编一个双联结。

（4）单线穿过一个双线结回穿在双联结中。

（5）取20厘米红绳穿双钱结对折后，编一个双联结，穿珠加流苏，完成。

例12. 蛇柱挂坠（见彩图47）

材料：5根绳，其中4根150厘米长，1根40厘米长。8毫米仿珍珠10颗，3毫米彩珠数颗。

步骤：

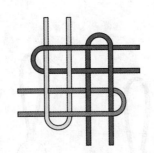
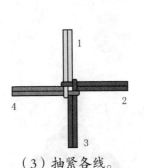

（1）取40厘米长的绳为主线，对折在4厘米处编一个双联结。

（2）取其他4根对折，编十字玉米结，方法同挂饰五的开始。

（3）抽紧各线。

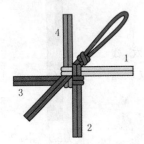
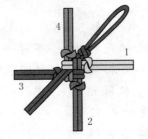
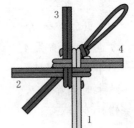
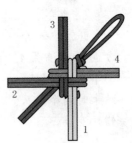

（4）插入挂绳主线，顺时针方向编一个玉米结。

（5）同色两根一组，各编一个蛇结。

（6）顺时针编两个玉米结。

（7）重复步骤（5）（6），编4厘米长后编2个玉米结。取1根主线对折后在主体下方做旋转结，将所有绳固定，绳头穿珠编八字结完成。

注意：绕紧旋转结后剪掉两头多余绳，火机烧一下固定。最后将每根线都抽紧，穿上珠子，绳头编八字结，完成。

例 13. 福寿平安挂坠（见彩图 48）

材料：2 根绳，1 根 80 厘米绳编盘长结，1 根 30 厘米绳穿葫芦；20 毫米玛瑙葫芦一个，3 毫米玛瑙珠 12 颗。

步骤：

（1）葫芦坠的制作：取 1 根 30 厘米的绳穿过葫芦后，编 3 个蛇结，绳头各穿 1 颗 3 毫米珠，然后绳头在 2 厘米处编旋转结。

（2）取 1 根 80 厘米的绳对折，在 4 厘米处编一个双联结。

（3）编一个 4 道盘长结，整理抽紧结体后，再编一个双联结。

（4）如图依次穿入 3 毫米珠，珠中间编一个蛇结，最后是一个双联结。

（5）双线夹住葫芦后，编一个双联结。

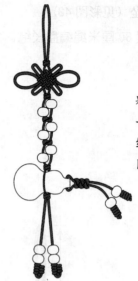

（6）各绳分别穿2颗3毫米珠后，分别编一个8字结。剪掉多余绳头，用打火机烧一下固定，完成。

4. 项链

例1. 七色花项链（见彩图49）

材料： 18根不同颜色的绳，每根长30厘米；1根150厘米长的绳为主绳；渔线：15厘米长一根。8毫米不同颜色的多菱形珠数颗，4毫米白色透明珠数十颗，12毫米白珠6颗、红珠1颗。

提示： 绳与珠颜色要搭配对称。

步骤：

（1）先取30厘米的绳对折在1厘米处编一个双联结，并穿一粒8毫米菱形珠后，编一个钮扣结，整理收紧，烧掉多余绳头，共做18个不同颜色的珠坠。

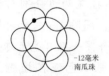

（2）珠圈的做法：用渔线将6颗白珠穿成一个圆圈，两绳打结，把结穿入珠中，将绳头藏起来。

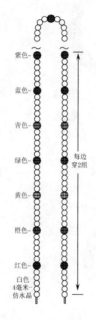

（3）取150厘米长的绳，如图按彩虹顺序穿入各色小珠子。

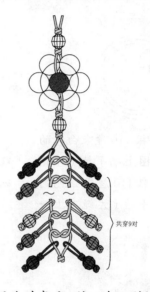

（4）绳头对齐后，编一个双联结，并穿一颗8毫米多菱形珠，再编一个双联结；两条绳夹住珠圈上边后，并穿一颗12毫米红珠，再分开线夹住珠圈的下边后，编一个双联结，并穿一颗8毫米多菱形珠，再编一个双联结；两边分别穿一个做好的珠坠，双绳打一个活结，再分别穿一个珠坠，共穿9对，最后编一个双联结完成。

（5）成品图。

例2. 双线转平结项链（见彩图50）

材料：项链挂绳用线：红色主线3根：80厘米长两根，100厘米长一根；主线上转平结红、白两种颜色，各两根，每根70厘米长；铜丝圈直径4.5厘米2个，圈上平结：红、白两种颜色，各两根，每根110厘米长；仿珍珠：白色20毫米1颗，红色12毫米1颗，8毫米4颗，6毫米1颗。

步骤：

（1）先取一根110厘米白色的绳对折，在铜丝圈上编平结（左绳在上一次），再取110厘米红色的绳对折，同样编平结（左绳在上一次）。

（2）两根交替编双转平结一圈（见基础结双转平结部分）。

（3）取两根70厘米长的绳在60厘米处先编一个双联结，两绳包住双转平结圈的一边，连续并穿一颗6毫米珠和20毫米珠后，编一个纽扣结，剪掉绳头，用火机烧一下。

（4）并穿一颗12毫米珠后，加入100厘米红绳做挂绳主线。

（5）挂绳两边分别对称编两个蛇结，间隔1.5厘米再编两个蛇结，并穿一颗8毫米珠；

取两根双色绳在挂绳上编双转平结约8厘米长后，剪掉绳头，用打火机烧一下；挂绳两边分别并穿一颗8毫米珠后编2个蛇结；结尾用旋转结收尾完成。

例 3. 蛇结小灯笼项链（见彩图 51）

材料：项链挂绳用线：主线 2 根各 100 厘米，动力线 2 根各 150 厘米。灯笼用线：主线 40 厘米长的绳；黄、绿绳各 2 根，每根 50 厘米长；1 根 25 厘米长的绳收尾。珠子：红色仿珍珠：16 毫米 1 颗，10 毫米 2 颗，8 毫米 8 颗；绿色仿珍珠：10 毫米 4 颗，8 毫米 4 颗。

步骤：

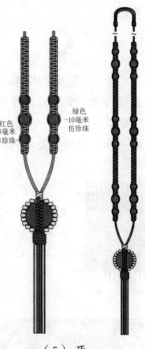

（1）取 4 根 50 厘米的绳编双线玉米结，中间插入一根对折的 40 厘米的绳为主线，再编一个十字结，抽紧线。

（2）先同色两根一组编 4 组蛇结，每组 12 个，主线并穿一颗 16 厘米珠后，继续编两个玉米结；取 25 厘米绳做旋转结，将所有绳固定。

（3）取两根 100 厘米的挂绳，并穿主线中，将主线向下拉紧。

（4）挂绳取左右各一根编一个双联结。

（5）两边在 3 厘米处，如图所示分别编平结加穿珠。

（6）用旋转结收尾完成。

例4. 民族风项链（见彩图52）

材料：同色绳18根，每根55厘米长，主线150厘米长；项链挂绳用线：同色两根各120厘米长。珠子：深绿8毫米16颗、6毫米4颗，浅绿10毫米2颗、6毫米16颗，黄色4毫米21颗，橙色10毫米1颗、8毫米1颗、6毫米1颗，黑色6毫米4颗、4毫米4颗；配饰：一根黄色绳50厘米长，装饰花一个。

步骤：

（1）用黄色绳编一个直径为1.5厘米的云雀结花环配饰，线头留一根，剪掉烧一根。中间圈是用短线接成。

（2）分别取18根绳在150厘米的主线上编双绕结，绳头均留10厘米。

（3）主线向右，右手拿，其他各线依次编双绕结。

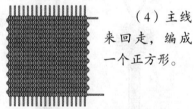

（4）主线来回走，编成一个正方形。

（5）对角折找好位置，将做好的雀头结花环与装饰花用花环中的一条线穿过主体固定。

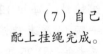

（6）单数线从对面的边缘对应处穿过，两根绳一组编一个双联结后，按图所示穿珠，最后编一个纽扣结。

（7）自己配上挂绳完成。

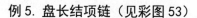

例5. 盘长结项链（见彩图53）

材料：项链挂绳用线：棕色主线90厘米2根，120厘米1根；主线上平结：棕黄色80厘米长2根对折用；盘长黄色：50厘米1根；铜丝圈一个，直径4.5厘米。圈上平结用线：棕黄色1根120厘米长；彩珠：黄色20毫米1颗、6毫米4颗、4毫米数颗，橙色6毫米数颗、4毫米数颗；棕色6毫米数颗；流苏：20厘米绳5根（随意加），25厘米1根做旋转结。

步骤：

（1）取120厘米长棕黄色的绳对折，在铜丝圈上编一圈平结，线头剪掉，用打火机烧一下。

（2）120厘米棕绳与50厘米黄绳对折勾上。

（3）取两根90厘米的绳在60厘米处开始编一个双联结。

（4）将挂好的绳穿入双联结中，整理收紧。

（5）双色绳编一个四道的盘长结，再编一个双联结。

橙色
4毫米糖果珠

黄色
20毫米糖果珠

（6）两绳夹住平结圈后，依次并穿4毫米橙色珠、20毫米黄色珠、4毫米橙色珠，再夹住平结圈编一个双联结。

（7）加流苏，取5根20厘米的绳对折，用主线包住打一个活结。

（8）另取25厘米的绳做旋转结，绳头穿珠打结。剪掉多余线，用火机烧一下。

黄色
6毫米
糖果珠

（9）取80厘米绳对折，在挂绳上编双联结穿珠，编转平结穿珠，编双联结，绳头编旋转结，收尾完成。

（10）成品图。

例6. 银饰项链（见彩图54）

材料：项链挂绳用线：2根180厘米长的绳，1根30厘米长的绳做收尾；挂件用线：4根绳每根60厘米长，1根5厘米长的绳做2个珠的连线。银饰配珠：1厘米桶形挂饰珠2个，8毫米管形珠4个，8毫米1个，6毫米20个，3毫米数个，个性银饰挂饰8个。

步骤：

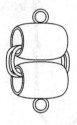  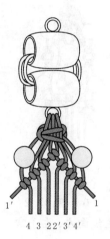 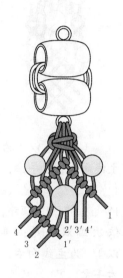

（1）取5厘米长的绳将2个1厘米的桶形珠穿连，双线圈，绳头打结藏于珠中。

（2）取3根60厘米的绳并穿下面桶形珠的环里后对折，另取1根60厘米的绳对折编一个平结。

（3）先以1′为主线向左，左手拿，1、2、3、4顺序，依次编双绕结；再以1为主线向右，右手拿，2′、3′、4′顺序，依次编双绕结。

提示：4、4′先各穿一个珠子后，再编双绕结。

（4）先以2、2′并穿1颗8毫米银珠，再以1′为主线向右，右手拿，4、3、2顺序，依次编双绕结。

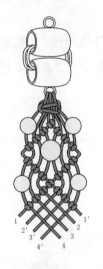

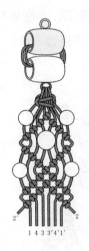

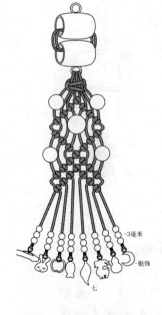

（5）先以1为主线向左，左手拿，4′、3′、2′、1′、2、3、4顺序，依次编双绕结；再以1′为主线向右，右手拿，2′、3′、4′顺序，依次编双绕结。

提示：4、4′先各穿一个珠子后，再编双绕结。

（6）先以2′为主线向左，左手拿，2、3、4、1顺序，依次编双绕结；再以2为主线向右，右手拿，3′、4′、1′顺序，依次编双绕结。

（7）每根绳分别穿入3颗3毫米银珠和个性银饰挂饰，打结完成。

（8）编项链挂绳：用蛇结、双联结、秘鲁结结合穿珠完成。

秘鲁结

银珠
6毫米

3毫米

银饰

七

八

（五）小提示

1. 这里每款绳编为你提示的绳的长度只是供你参考，实际操作中，要根据你所需要的长度增减绳的长度。

2. 图案的变化视主线与动力线的变化而定，主线一定要拉直。

3. 主线往哪边走，就用哪只手拿主线，每编一下都要将线拉紧，自始至终手劲要一致，这样编出的图案才会好看。

4. 所有结束绳头，多余的剪掉，都用打火机烧一下，以免编好的绳松开。使用打火机时一定要注意安全，小朋友要请大人帮助。

5. 手链合圈收尾根据自己的喜欢选择第 6、7 页收尾方法，在这里不做规定要求。

6. 手链及项链的长度可根据自己的实际需要适当增减长度。

7. 这里都是电脑展示图，实际编绳时结与结之间要靠紧，是没有空隙的。

三、穿珠制作技巧

（一）穿珠基本知识

1. 穿珠的方法

　　这是穿珠最基本的方法，你要熟练掌握。

　　（1）单线穿法

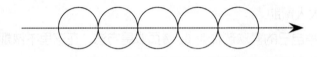

单线直穿

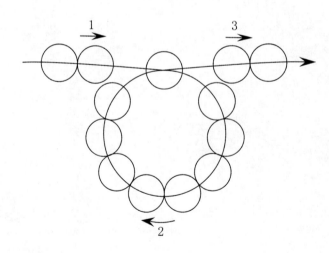

单线回穿

（2）双线穿法

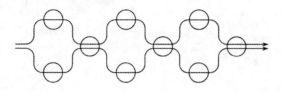

双线并穿

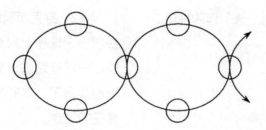

双线对穿

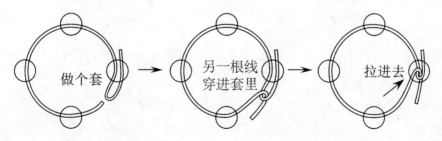

双线做扣

这种方法的优点是穿好的珠子是固定的，不会再动了。

2. 穿珠的常识

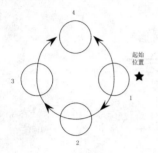

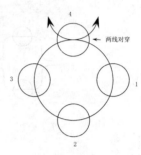

（1）穿珠的起始位置用"★"作为标记。

（2）穿完所需的珠子后，将两线在所穿的最后一个珠子上对穿，使所穿的珠子形成一个圈。每次穿完后，都要做这一步，所以就不每次都强调了。本书都是在左线所穿的最后一颗珠子中对穿。

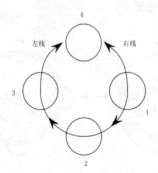

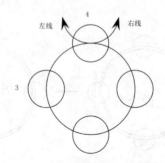

（3）左线是指一圈珠子穿完，两线对穿后，在左边的线；右线是指一圈珠子穿完，两线对穿后，在右边的线。以后每次穿完后，在左边的线就是左线，在右边的线就是右线，与它最开始的位置无关。

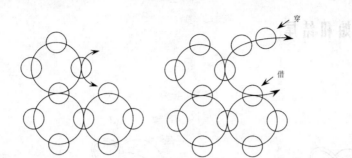

（4）穿：是指将珠子穿在线上；借：是指将线穿过已穿好的珠子，借的时候要借离得最近的珠子。本书如无特殊说明，都采用的是左线穿珠，右线借珠。

（5）饰品通常和花朵一样，由几个相同的花瓣组成。所以只要看它是几瓣的，每个花瓣又是用几个什么样珠子穿出来的就行了。

（6）为了让穿出的饰品更有立体感，需要把它穿成双面的。穿双面饰品时，最外面的珠子一般都是两面共用的。双面饰品的第二面是接着第一面穿的，第一面结束的位置就是第二面起始的位置，在图上，它是用黑色圆点"●"标出来的。

（7）穿珠之前，一定要把线弄直，这样穿出的作品才能比较平整。如果穿好的珠子往上翘，把线往下拧一下就行了。

（8）用线的长度 = 珠子个数 × 珠子的直径 × 2 + 30 厘米。30 厘米是大概的数，如果所用珠子的数量比较多，就要多加一些。

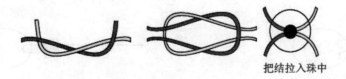

把结拉入珠中

（9）线不够长时，接线用编平结的方法。

（二）如何开始和结尾

1. 开始

单线

（1）

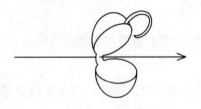

①将渔线穿入包线扣。

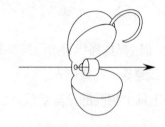

②穿入定位珠，并夹扁。

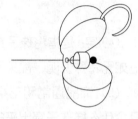

③将渔线用打火机烧一下。

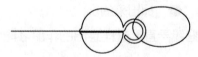

④合上包线扣。　　⑤勾一个单圈，弯成圆。

（2）

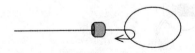

①单线穿定位珠，再穿单圈。

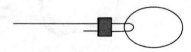

②回穿定位珠，夹扁。

双线

（3）用双线穿入，穿法同（1）

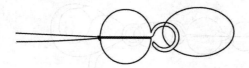

（4）

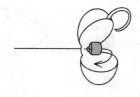

①用单线穿包线扣，再穿定位珠。

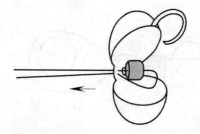

②回穿包线扣，将线调整到一样长，夹扁定位珠。

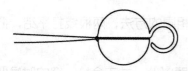

③合上包线扣。

2. 结尾

无论是单线还是双线的收尾，与开始的处理一样，注意将线头拉紧。

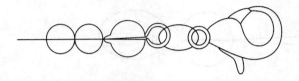

（1）将穿好珠子的渔线穿入包线扣，同开始（1），把线拉紧，用单圈与锁扣连接。

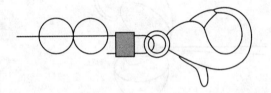 或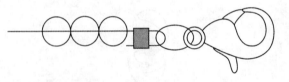

（2）将穿好珠子的渔线，穿入定位珠，再穿入锁扣，回穿定位珠，把线拉紧，压扁定位珠。或用单圈和锁扣连接。

（3）如果结尾是在珠子里，那么线就不要对穿了，用和接线相同的方法，两根线打平结，把结拉进珠子里，拉紧，把线头穿几颗珠子后剪断。

（4）在珠子里结尾也可以直接把线回穿进珠子，最少要穿 10 颗以上，才不会松。穿的时候要按原来线的走向穿，原来没线的地方不要穿，这样才好看。

（三）穿珠技法的应用

1. 手链

例1. 二月兰手链（见彩图55）

材料：仿水晶菱形珠6毫米紫色26颗，仿水晶菱形珠6毫米白色24颗，小米珠紫色5颗，小米珠白色6颗，定位珠2颗，按扣1副，渔线65厘米1根。

步骤：每个花由2颗紫色6毫米菱形珠、2颗白色6毫米菱形珠和1颗小米珠组成。

（1）渔线依次穿入定位珠和按扣，再回穿定位珠，把两个线头对齐后，将定位珠夹扁固定。

6毫米菱形珠紫色

（2）两线并穿1颗紫色菱形珠。

小米珠

6毫米菱形珠白色

（3）右线穿1颗白色菱形珠和1颗紫色菱形珠，左线穿1颗白色菱形珠、1颗紫色菱形珠和1颗白色小米珠。

（4）右线穿1颗紫色菱形珠和1颗白色菱形珠，左线穿1颗紫色菱形珠、1颗白色菱形珠和1颗紫色小米珠。

（5）重复步骤（3）（4），穿到合适的长度，并穿1颗紫色菱形珠。两线依次并穿定位珠、另一半按扣，再回穿定位珠，将线拉紧，夹扁定位珠。把线头藏入珠中，将线头剪断，完成。

例2. 满天星手链（见彩图56）

材料：菱形珠蓝色4毫米64颗，仿珍珠白色6毫米21颗，定位珠2颗，按扣1副，渔线65厘米1根。

步骤：每个花由4颗蓝色4毫米菱形珠和1颗白色6毫米仿珍珠组成。

蓝色
-4毫米菱形珠

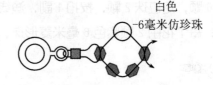

白色
-6毫米仿珍珠

（1）两线对穿1颗蓝色4毫米菱形珠。　　　　（2）右线穿2颗蓝色菱形珠，左线穿1颗白色仿珍珠和1颗蓝色菱形珠。

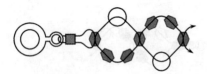

（3）右线穿1颗白色仿珍珠，左线穿3颗蓝色菱形珠。

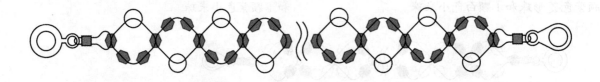

（4）重复步骤（2）（3），穿到合适的长度后，收尾。

例3. 串红花手链（见彩图57）

材料：仿珍珠6毫米红色27颗，仿珍珠6毫米白色28颗，定位珠2颗，按扣1副，渔线65厘米1根。

步骤：每个花由2颗6毫米红色仿珍珠和2颗6毫米白色仿珍珠组成。

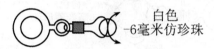

白色
-6毫米仿珍珠

（1）两线对穿1颗白色珠。

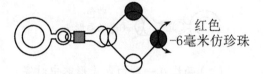

红色
-6毫米仿珍珠

（2）右线穿1颗白色珠，左线穿2颗红色珠。

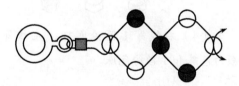

（3）右线穿1颗红色珠，左线穿2颗白色珠。

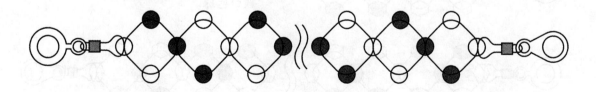

（4）重复步骤（2）（3），穿到合适的长度后，收尾。

例4. 粉荷花手链（见彩图58）

材料： 菱形珠6毫米粉色33颗，菱形珠6毫米白色34颗，定位珠2颗，按扣1副，通线70厘米1根。

步骤： 每个花都是由2颗粉色菱形珠和2颗白色菱形珠组成，但要变换珠子颜色的排列位置，形成3颗粉色珠在一起的图案。

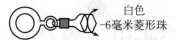

白色
-6毫米菱形珠

（1）两线在一颗白色菱形珠中对穿。

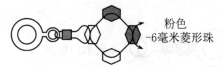

粉色
-6毫米菱形珠

（2）右线穿1颗白色珠，左线穿2颗粉色珠。

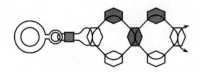

（3）右线穿1颗白色珠，左线穿1颗粉色珠和1颗白色珠。

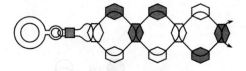

（4）右线穿1颗粉色珠，左线穿1颗白色珠和1颗粉色珠。

（5）右线穿1颗粉色珠，左线穿2颗白色珠。

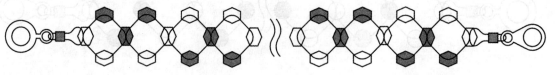

（6）重复步骤（2）～（5），穿到合适的长度后，收尾。

例5. 金麦穗手链（见彩图59）

材料：菱形珠橙色6毫米36颗，仿珍珠黄色4毫米40颗，定位珠2颗，按扣1副，渔线65厘米1根。

步骤：每个花由3颗4毫米黄色仿珍珠和1颗6毫米橙色菱形珠或3颗菱形珠和1颗仿珍珠交替组成。这款手链的左右是对称的，中间的4颗珠子都是黄色4毫米仿珍珠。

（1）两线并穿1颗4毫米黄色仿珍珠。

（2）右线穿1颗黄色珠，左线穿1颗黄色珠和1颗6毫米橙色菱形珠。

（3）右线穿1颗橙色珠，左线穿1颗橙色珠和1颗黄色珠。

（4）重复步骤（2）（3）到手链的中间后，右线穿1颗黄色珠，左线穿2颗黄色珠。

（5）右线穿1颗橙色珠，左线穿2颗橙色珠。

（6）右线穿1颗黄色珠，左线穿2颗黄色珠。

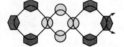

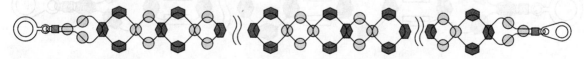

（7）重复步骤（5）（6），穿到合适的长度，收尾。

例6. 长寿花手链（见彩图60）

材料：菱形珠6毫米红色40颗，管形珠6毫米白色18颗，定位珠2颗，按扣1副，渔线65厘米1根。

步骤：每个花由4颗菱形珠和2颗管珠组成，菱形珠和管珠交替排列形成了图案。

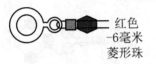

红色
-6毫米
菱形珠

（1）两线并穿1颗6毫米红色菱形珠。

（2）右线穿1颗红色珠，左线穿2颗红色珠。

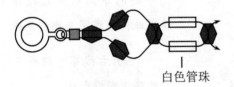

白色管珠

（3）右线穿1颗白色管形珠，左线穿1颗白色管形珠和1颗红色珠。

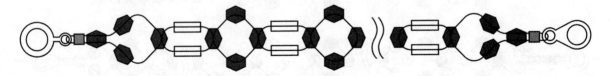

（4）重复步骤（2）（3），穿到合适的长度，收尾。

例7. 紫罗兰手链（见彩图61）

材料：菱形珠6毫米紫色24颗，仿珍珠4毫米白色55颗，定位珠2颗，按扣1副，渔线65厘米1根。

步骤：每个花由4颗6毫米紫色菱形珠和5颗4毫米白色仿珍珠穿成的十字组成。

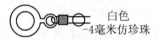

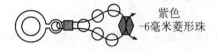

（1）两线并穿1颗4毫米白色仿珍珠。

（2）右线穿2颗白色珠，左穿2颗白色珠和1颗6毫米紫色菱形珠。

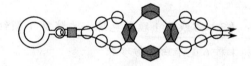

（3）右线穿1颗紫色珠，左线穿2颗紫色珠。

（4）两线各穿2颗白色珠后并穿1颗白色珠。

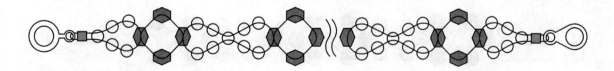

（5）重复步骤（2）～（4），穿到合适的长度，收尾。

例8. 朱顶红手链（见彩图62）

材料： 仿珍珠6毫米红色30颗，仿珍珠6毫米白色5颗，仿珍珠4毫米黑色26颗，定位珠2颗，按扣1副，渔线70厘米1根。

步骤： 每个花由6颗红色珠和1颗白色珠组成，花与花之间加5颗黑色珠。

（1）两线并穿1颗4毫米黑色仿珍珠。

（2）右线穿1颗黑色珠，左线穿1颗黑色珠和1颗6毫米红色仿珍珠。

（3）右线穿1颗红色珠，左线穿1颗红色珠和1颗6毫米白色仿珍珠。

（4）右线穿1颗红色珠，左线穿2颗红色珠。

（5）右线穿1颗黑色珠，左线穿2颗黑色珠。

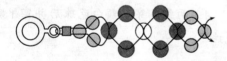

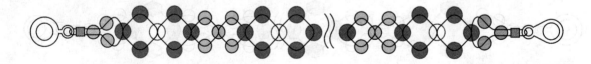

（6）重复步骤（2）～（5），穿到合适的长度，收尾。

例9. 勿忘我手链（见彩图63）

材料：仿珍珠4毫米粉色40颗，仿珍珠4毫米白色48颗，仿珍珠4毫米黄色7颗，定位珠2颗，按扣1副，渔线70厘米1根。

步骤：每个花都由5颗珠子组成，不同的是珠子的颜色有变化。

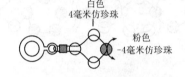

（1）两线并穿1颗白色珠。

（2）右线穿1颗白色珠，左线穿1颗白色珠和1颗粉色珠。

（3）右线穿2颗粉色珠，左线穿2颗粉色珠。

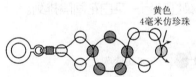

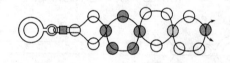

（4）右线穿1颗白色珠，左线穿2颗白色珠和1颗黄色珠。

（5）右线穿2颗白色珠，左线穿1颗白色珠和1颗粉色珠。

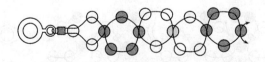

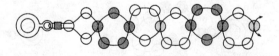

（6）右线穿1颗粉色珠，左线穿3颗粉色珠。

（7）右线穿2颗白色珠，左线穿1颗白色珠和1颗黄色珠。

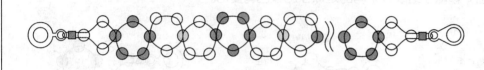

（8）右线穿1颗白色珠，左线穿2颗白色珠和1颗粉色珠。

（9）重复步骤（3）～（8），穿到合适的长度，收尾。

例10. 三角梅手链（见彩图64）

材料：仿珍珠6毫米红色30颗，仿珍珠6毫米白色30颗，小米珠黑色21颗，定位珠2颗，按扣1副，渔线70厘米1根。

步骤：每个花都由3颗6毫米仿珍珠和1颗小米珠组成，一朵红花与一朵白花间隔排列。

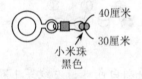

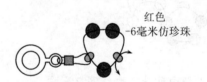

（1）两线对穿1颗黑色小米珠。

（2）右线穿1颗红色珠，左线穿2颗红色珠和1颗黑色小米珠。

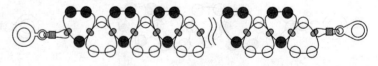

（3）右线穿2颗白色珠，左线穿和1颗白色珠1颗黑色小米珠。

（4）重复步骤（2）～（3），穿到合适的长度，收尾。

例11. 格桑花手链（见彩图65）

材料： 仿珍珠4毫米白色56颗，仿水晶4毫米绿色64颗，仿珍珠4毫米橙色7颗，定位珠2颗，按扣1副，渔线70厘米2根。

步骤： 每个花都由4颗珠子组成，变换珠子颜色的排列方式，形成图案，共穿两排。

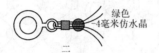

绿色
4毫米仿水晶

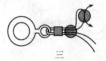

（1）2根线一起依次穿入定位珠、按扣，再回穿定位珠，把4根线头对齐，夹扁定位珠。

（2）4根线并穿1颗绿色珠。

（3）用上面的两线对穿1颗绿色珠。

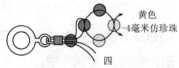

黄色
4毫米仿珍珠

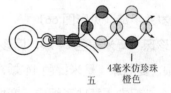

4毫米仿珍珠
橙色
五

（4）右线穿1颗黄色珠，左线穿1颗绿色珠和1颗黄色珠。

（5）右线穿1颗橙色珠，左线穿2颗黄色珠。

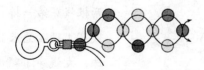

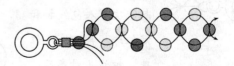

（6）右线穿1颗黄色珠，左线穿2颗绿色珠。

（7）右线穿1颗绿色珠，左线穿1颗黄色珠和1颗绿色珠。

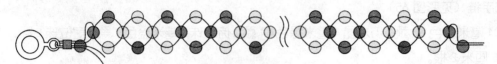

（8）重复（4）~（7），穿到合适的长度。

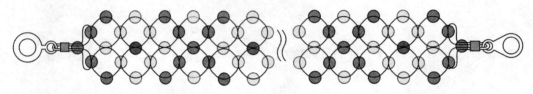

（9）用下面的两根线穿第二排，穿珠的颜色与第一排对称。注意左线先借珠，再穿珠。穿到与第一排同样长度后，四根线一起依次穿入定位珠、另一半按扣，再回穿定位珠，把定位珠夹扁，将线头藏入珠中，完成。

例12. 报岁兰手链（见彩图66）

材料：仿珍珠4毫米棕色24颗，仿珍珠4毫米驼色12颗，仿珍珠8毫米棕色11颗，仿珍珠8毫米驼色22颗，菱形珠4毫米绿色44颗，定位珠2颗，按扣1副，渔线70厘米2根。

步骤：每个花都由4颗珠子组成，变换珠子的颜色和形状，形成图案，共穿两排。

（1）两根线一起依次穿入包线扣和定位珠，再回穿定位珠，把线头对齐后，将定位珠夹扁固定，再把线穿出包线扣。

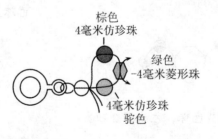

棕色
4毫米仿珍珠

绿色
-4毫米菱形珠

4毫米仿珍珠
驼色

（2）用上面的两根线穿第一排。右线穿1颗4毫米驼色珠，左线穿1颗4毫米棕色珠和1颗4毫米绿色菱形珠。

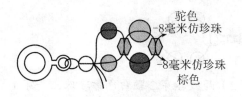

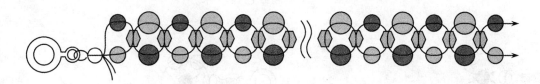

（3）右线穿1颗8毫米棕色珠，左线穿1颗8毫米驼色珠和1颗4毫米绿色菱形珠。

（4）重复步骤（2）~（3），穿到合适的长度。

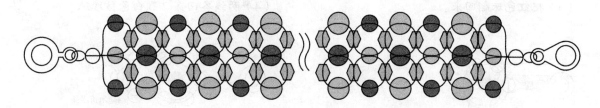

（5）用下面的两根线穿第二排，穿珠的颜色与第一排对称，注意左线先借珠，再穿珠。穿到与第一排同样长度后，四根线并在一起依次穿入包线扣和定位珠，再回穿定位珠，将线拉紧，夹扁定位珠，再把线穿出包线扣，将线头藏入珠中，完成。

例13. 太阳花手链（见彩图67）
材料：仿珍珠4毫米红色11颗，仿珍珠4毫米白色66颗，仿水晶4毫米白色20颗，定位珠2颗，按扣1副，渔线100厘米1根。
步骤：每个花都由6颗白色珠和1颗红色珠组成，花与花之间用2颗白色仿水晶珠隔开。

白色
-4毫米仿珍珠

（1）两线对穿1颗白色仿珍珠。

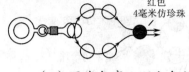
红色
4毫米仿珍珠

（2）两线各穿2颗白色仿珍珠，并穿1颗红色仿珍珠。

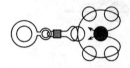

（3）把红色珠翻回来。

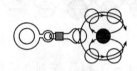

（4）两线各回穿2颗白色仿珍珠。

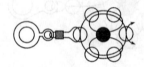

（5）两线对穿1颗白色仿珍珠。

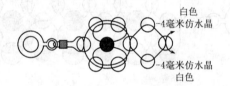
白色
-4毫米仿水晶

-4毫米仿水晶
白色

（6）右线穿1颗白色仿水晶，左线穿1颗白色仿水晶和1颗白色仿珍珠。

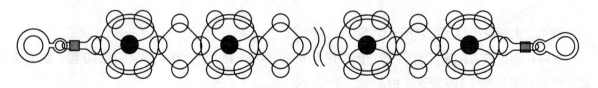

（7）重复步骤（2）~（6），穿到合适的长度，收尾。

2. 戒指

例1. 二月兰戒指（见彩图68）

材料：菱形珠6毫米紫色4颗，仿珍珠4毫米白色1颗，小米珠白色若干，渔线20厘米1根。

步骤：

白色
—小米珠

紫色
—6毫米菱形珠

—4毫米仿珍珠
白色

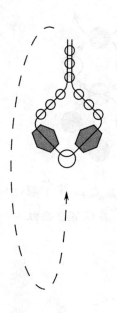

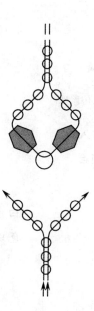

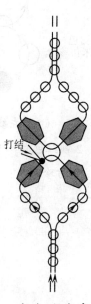

打结

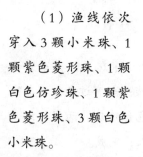

（1）渔线依次穿入3颗小米珠、1颗紫色菱形珠、1颗白色仿珍珠、1颗紫色菱形珠、3颗白色小米珠。

（2）两根线并在一起，根据手指的粗细穿入若干白色小米珠，做成戒环。

（3）两线分开，各穿3颗白色小米珠。

（4）右线穿1颗紫色菱形珠，借1颗白色仿珍珠，左线穿1颗紫色菱形珠，两线打结，把结拉入珠中，将线头藏起来，完成。

例2. 串红花戒指（见彩图69）

材料：仿珍珠4毫米红色4颗，仿珍珠4毫米白色3颗，小米珠白色若干，渔线20厘米1根。

步骤：

白色
4毫米仿珍珠-

红色
-4毫米仿珍珠

（1）左线依次穿入
2颗红色仿珍珠、2颗白
色仿珍珠。

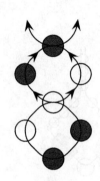

（2）右线穿1颗
白色珠，左线穿2颗红
色珠。

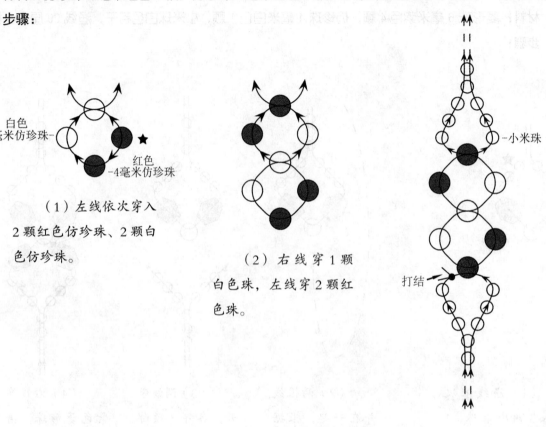

-小米珠

打结

（3）两线各穿3颗白色小米珠后，并穿若干
小米珠到合适长度，把两根线一起弯过来，再各穿
3颗小米珠，右线借1颗红色仿珍珠，两线打结，
把结拉入珠中，将线头藏起来，完成。

例3. 朱顶红戒指（见彩图70）

材料：仿珍珠4毫米红色6颗，仿珍珠6毫米白色1颗，小米珠白色若干，渔线20厘米1根。

步骤：

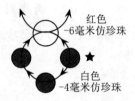

红色
－6毫米仿珍珠

白色
－4毫米仿珍珠

（1）左线穿3颗4毫米红色仿珍珠和1颗6毫米白色仿珍珠。

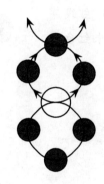

（2）右线穿1颗红色珠，左线穿2颗红色珠。

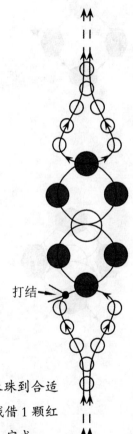

打结

（3）两线各穿3颗白色小米珠后，并穿若干小米珠到合适长度，把两根线一起弯过来，再各穿3颗小米珠，右线借1颗红色仿珍珠，两线打结，把结拉入珠中，将线头藏起来，完成。

例4. 长寿花戒指（见彩图71）

材料：菱形珠红色6毫米4颗，仿珍珠白色6毫米1颗，小米珠白色若干，渔线25厘米1根。

步骤：

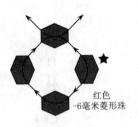

红色
-6毫米菱形珠

（1）左线穿4颗6毫米红色菱形珠。

白色
6毫米仿珍珠

（2）两线对穿1颗6毫米白色仿珍珠。

（3）两线在对面的一颗红色菱形珠中对穿（如图）。

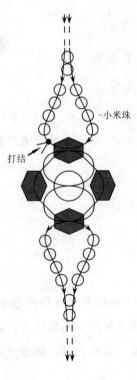

-小米珠

打结

（4）两线各穿4颗白色小米珠后，并穿若干小米珠到合适长度，把两根线一起弯过来，再各穿4颗小米珠，右线借1颗红色菱形珠，两线打结，把结拉入珠中，将线头藏起来，完成。

例5. 太平花戒指（见彩图72）

材料： 菱形珠4毫米黄色4颗，菱形珠6毫米绿色1颗，仿珍珠6毫米黄色4颗，小米珠白色若干，渔线30厘米1根。

步骤：

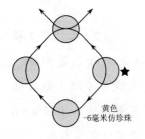

黄色
-6毫米仿珍珠

（1）左线穿4颗6毫米黄色仿珍珠。

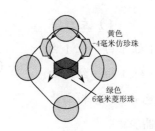

黄色
-4毫米仿珍珠

绿色
-6毫米菱形珠

（2）右线穿1颗4毫米黄色菱形珠，左线穿1颗4毫米黄色菱形珠和1颗6毫米绿色菱形珠。

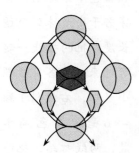

（3）两线各穿1颗4毫米黄色菱形珠后，在对面的一颗黄色仿珍珠中对穿（如图）。

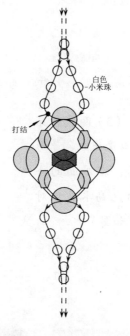

白色
-小米珠

打结

（4）两线各穿3颗白色小米珠后，并穿若干小米珠到合适长度，把两根线一起弯过来，再各穿3颗小米珠，右线借1颗黄色仿珍珠，两线打结，把结拉入珠中，将线头藏起来，完成。

例 6. 蝴蝶兰戒指（见彩图 73）

材料：扁水晶 4×6 毫米红色 5 颗，扁水晶 4×6 毫米白色 4 颗，菱形珠 4 毫米红色 4 颗，小米珠白色若干，渔线 30 厘米 1 根。

步骤：

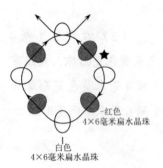

（1）左线穿 1 红 1 白 1 红 1 白 1 红 1 白 1 红 1 白色 4×6 毫米扁水晶。

（2）右线穿 1 颗 4 毫米红色菱形珠，左线穿 1 颗 4 毫米红色菱形珠和 1 颗 4×6 毫米红色扁水晶。

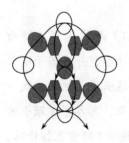

（3）两线各穿 1 颗 4 毫米红色菱形珠后，在对面的一颗白色扁水晶中对穿（如图）。

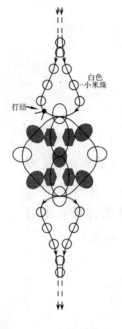

（4）两线各穿 3 颗白色小米珠后，并穿若干小米珠到合适长度，把两根线一起弯过来，再各穿 3 颗小米珠，右线借 1 颗 4×6 毫米白色扁水晶，两线打结，把结拉入珠中，将线头藏起来，完成。

例7. 芙蓉花戒指（见彩图74）

材料：菱形珠4毫米白色4颗，仿珍珠4毫米白色3颗，小米珠粉色18颗、白色若干，渔线30厘米1根。

步骤：

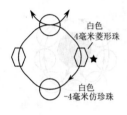

（1）左线穿1颗菱形珠、1颗仿珍珠、1颗菱形珠、1颗仿珍珠。

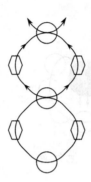

（2）右线穿1颗菱形珠，左线穿1颗菱形珠和1颗仿珍珠。

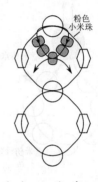

（3）右线穿2颗粉色小米珠，左线穿3颗粉色小米珠。

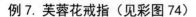

（4）两线各穿2颗粉色小米珠后，在对面的一颗白色仿珍珠中对穿（如图）。

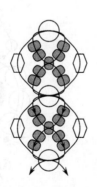

（5）重复步骤（3）（4）一次

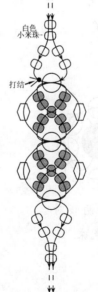

（6）两线各穿2颗白色小米珠后，并穿若干小米珠到合适长度，把两根线一起弯过来，再各穿2颗小米珠，右线借1颗白色仿珍珠，两线打结，把结拉入珠中，将线头藏起来，完成。

例8. 太阳花戒指（见彩图75）

材料：仿水晶8毫米红色1颗，仿珍珠4毫米白色8颗，小米珠白色若干，渔线25厘米1根。

步骤：

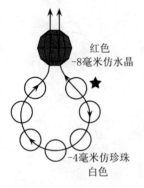

红色
-8毫米仿水晶

-4毫米仿珍珠
白色

（1）左线穿7颗白色
仿珍珠，两线并穿1颗红色
仿水晶珠。

（2）把红色
珠翻回来。

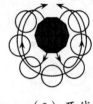

（3）两线各
回穿3颗白色珠。

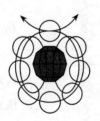

（4）两线对
穿1颗白色珠。

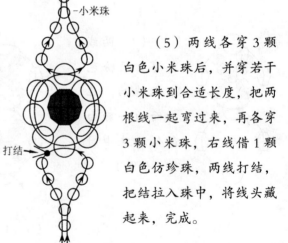

-小米珠

打结

（5）两线各穿3颗
白色小米珠后，并穿若干
小米珠到合适长度，把两
根线一起弯过来，再各穿
3颗小米珠，右线借1颗
白色仿珍珠，两线打结，
把结拉入珠中，将线头藏
起来，完成。

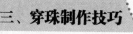

例9. 紫罗兰戒指（见彩图76）

材料：菱形珠6毫米紫色4颗，仿珍珠4毫米粉色12颗，小米珠白色若干，渔线25厘米1根。

步骤：

（1）左线穿1颗白色小米珠、1颗紫色菱形珠、3颗粉色仿珍珠、1颗紫色菱形珠。

（2）左线穿3颗粉色珠和1颗紫色珠。

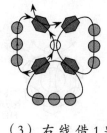

（3）右线借1颗小米珠，左线穿3颗粉色珠和1颗紫色珠。

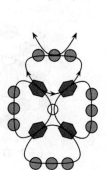

（4）右线借1颗紫色珠、穿1颗粉色珠，左线穿2颗粉色珠。

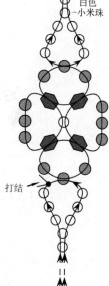

（5）两线各穿3颗白色小米珠后，并穿若干小米珠到合适长度，把两根线一起弯过来，再各穿3颗小米珠，右线借1颗粉色仿珍珠，两线打结，把结拉入珠中，将线头藏起来，完成。

例10. 水仙花戒指（见彩图77）

材料：菱形珠6毫米深绿色6颗，菱形珠4毫米浅绿色6颗，菱形珠4毫米白色6颗，仿珍珠6毫米黄色1颗，小米珠白色若干，渔线55厘米1根。

步骤：

黄色
6毫米
仿珍珠

-4毫米
菱形珠
白色

（1）用6颗4毫米白色菱形珠和1颗6毫米黄色仿珍珠穿1个太阳花（穿法见太阳花戒指）。

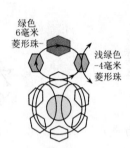
绿色
6毫米
菱形珠-

浅绿色
-4毫米
菱形珠

（2）左线穿入1颗浅绿色菱形珠、1颗深绿色菱形珠、1颗浅绿色菱形珠。

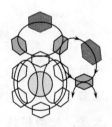

（3）右线借1颗白色菱形珠，左线穿1颗深绿色菱形珠和1颗浅绿色菱形珠。

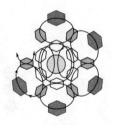

（4）重复步骤（3）三次。

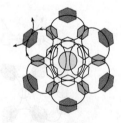

（5）右线借1颗白色菱形珠、1颗浅绿色菱形珠，左线穿1颗深绿色菱形珠。

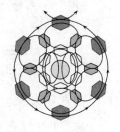

（6）用线把6颗深绿色珠绕一圈。

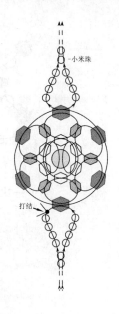

（7）两线各穿4颗白色小米珠后，并穿若干小米珠到合适长度，把两根线一起弯过来，再各穿4颗小米珠，右线借1颗深绿色珠，两线打结，把结拉入珠中，将线头藏起来，完成。

例11. 虞美人戒指（见彩图78）

材料: 小花片6毫米绿色4片，菱形珠4毫米白色4颗，管形珠7毫米白色4颗，小米珠红色4颗，小米珠白色若干，渔线55厘米1根。

步骤:

（1）左线穿4颗红色小米珠。

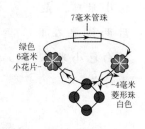

（2）左线穿入1颗白色菱形珠、1片绿色小花片、1颗管珠、1片绿色小花片、1颗白色菱形珠。

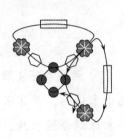

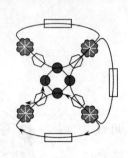

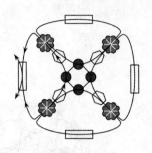

（3）右线借1颗红色小米珠，左线借1片绿色小花片，穿1颗管珠、1片绿色小花片、1颗白色珠。

（4）重复步骤（3）一次。

（5）右线借1颗红色小米珠、1颗白色珠、1片绿色小花片，左线借1片绿色小花片、穿1颗管珠。

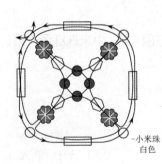

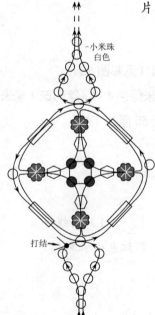

（6）用线把4颗管珠绕一圈，绕的时候在两个管珠之间加1颗白色小米珠，最后两线要在1颗白色小米珠中对穿。

（7）两线各穿3颗白色小米珠后，并穿若干小米珠到合适长度，把两根线一起弯过来，再各穿3颗小米珠，右线借1颗白色小米珠，两线打结，把结拉入珠中，将线头藏起来，完成。

3.挂饰

例1. 金银花挂饰（见彩图 79）

材料：菱形珠 6 毫米橙色 15 颗，菱形珠 8 毫米橙色 2 颗，仿珍珠 4 毫米白色 13 颗，仿水晶 6 毫米橙色 2 颗，渔线 5 厘米 2 根，橙色绳 50 厘米 1 根。

步骤：

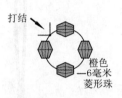

（1）用渔线把 4 颗 6 毫米橙色菱形珠穿成一圈，共穿 2 个。

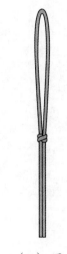

（2）用绳编 1 个双联结。

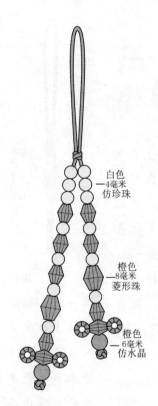

（3）在绳上按照图示依次穿好各种珠子，用单线纽扣结收尾。把绳剪断，绳头用打火机烧一下，完成。

例2. 红葫芦挂饰（见彩图80）

材料：仿珍珠12毫米红色1颗，仿珍珠8毫米红色3颗，仿珍珠6毫米红色3颗，仿珍珠4毫米红色2颗，小米珠白色10颗，花托1副，T针1个，红色绳50厘米1根。

步骤：

（1）在T针上依次穿入花托、12毫米和8毫米红色仿珍珠各一颗、花托，针尖弯成圆圈，做成一个葫芦。

（2）用绳编一个双联结，在绳上依次穿入4毫米、8毫米和4毫米红色仿珍珠各1颗，再编一个双联结。

（3）两线各穿5颗白色小米珠后，再编一个双联结。

（4）把葫芦放入由小米珠穿的圆圈里，把绳收紧。

（5）两线各穿1颗6毫米和1颗8毫米红色仿珍珠，用单线纽扣结收尾，把绳剪断，绳头用打火机烧一下，完成。

例3. 红樱桃挂饰（见彩图81）

材料：仿水晶4毫米绿色16颗，仿珍珠10毫米白色2颗，小米珠红色90颗，小花片绿色2个，包线扣1个，定位珠1个，手机管1个，单圈1个，渔线40厘米长2根，绿色绳15厘米1根。

步骤：

（1）把绿色绳对折，穿入手机管，绳头打活结，把结拉入管中。

（2）把单圈装到手机管上。

（3）把鱼线从10毫米白色仿珍珠中穿出，穿5颗红色小米珠后，再把线穿回大珠。

红色小米珠

（4）重复步骤（3），共穿9串。两线打结，留一根线在外面，把另一根线剪掉。

绿色4毫米仿水晶

小花片

（5）线上依次穿绿色小花片、8颗绿色仿水晶珠。共做两个小红樱桃。

（6）两线的尾端用定位珠和包线扣固定，用单圈把做好的樱桃和手机管连在一起，完成。

例4. 铃铛花挂饰（见彩图82）

材料：仿水晶4毫米绿色32颗，仿水晶4毫米白色18颗，菱形珠4毫米红色24颗，金属铃铛2个，渔线35厘米2根，绿色绳50厘米1根。

步骤：

（1）左线穿4颗绿色仿水晶。

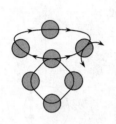

（2）左线穿3颗绿色珠。

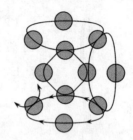

（3）右线借1颗绿色珠，左线穿2颗绿色珠。共两次。

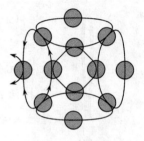

（4）右线借2颗绿色珠，左线穿1颗绿色珠。

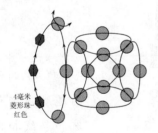

（5）左线穿1颗绿色珠、3颗红色珠、1颗绿色珠。

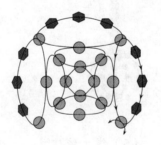

（6）右线借1颗绿色珠，左线穿3颗红色珠和1颗绿色珠。共2次。

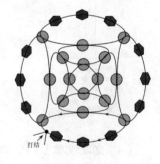

（7）右线借2颗绿色珠，左线穿3颗红色珠，两线打结，把线头藏起来。

铃铛花

（8）铃铛
花就穿好了，
共穿2个铃铛
花。

（9）用
绿绳编一个
双联结。

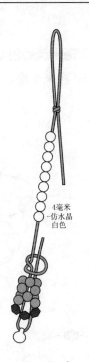

4毫米
仿水晶
白色

（10）在一
根绳上穿9颗白
色珠后，打一个
活结，再穿入铃
铛花和金属铃
铛，然后把绳穿
回活结中。

（11）编完
单线双联结。

（12）把绳
调整好，绳头用
打火机烧一下。
用同样的方法把
另一侧编好，完
成。

例5. 三色堇挂饰（见彩图83）

材料：菱形珠6毫米深蓝色4颗，菱形珠6毫米淡蓝色6颗，菱形珠6毫米白色6颗，仿水晶8毫米蓝色2颗，渔线25厘米长1根，蓝色绳50厘米1根。

步骤：

（1）左线穿4颗白色菱形珠。

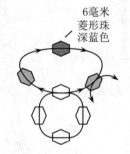

（2）左线穿1颗浅蓝色珠、1颗深蓝色珠、1颗浅蓝色珠。

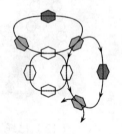

（3）右线借1颗白色珠，左线穿1颗深蓝色珠和1颗浅蓝色珠。

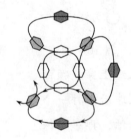

（4）重复步骤（3）一次。

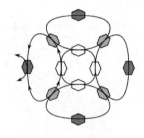

（5）右线借1颗白色珠和1颗浅蓝色珠，左线穿1颗深蓝色珠。

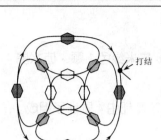

（6）右线借1颗深
蓝色珠，左线借2颗深
蓝色珠，两线打结。

三色堇花

（7）把线
头藏起来，完成
1个三色堇花。

（8）用蓝
色绳编一个双
联结。

（9）在绳上依次穿
1颗浅蓝色珠、三色堇花、
1颗浅蓝色珠后，再编一
个双联结。

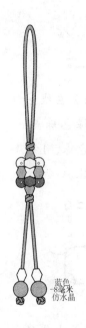

蓝色
-8毫米
仿水晶

（10）在每根绳上各穿1
颗白色菱形珠和1颗仿水晶珠，
编单线纽扣结收尾，把绳剪断，
绳头用打火机烧一下，完成。

例6. 万年青挂饰（见彩图84）

材料： 菱形珠6毫米深绿色2颗、淡绿色12颗、白色2颗，仿水晶6毫米绿色1颗，仿水晶4毫米白色2颗，渔线30厘米长1根，绿色绳30厘米1根。

步骤： 万年青花是双面的，图中带阴影的珠子，是双面共用的。每个花瓣都由4颗珠子组成。

第一面

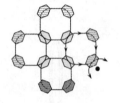

（1）左线穿1颗浅绿色珠、2颗深绿色珠、1颗浅绿色珠。

（2）左线穿3颗浅绿色珠。

（3）左线穿2颗白色珠和1颗浅绿色珠。

（4）右线借1颗浅绿色珠，左线穿2颗浅绿色珠。第一面完成。

第二面

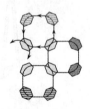

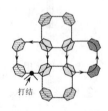

（5）左线借1颗浅绿色珠、穿2颗浅绿色珠。

（6）右线借2颗深绿色珠，左线穿1颗浅绿色珠。

（7）右线借2颗浅绿色珠，左线穿1颗浅绿色珠。

（8）右线借2颗白色珠，左线借1颗浅绿色珠，两线打结。

万年青花

（9）把线
头藏起来，万
年青花完成。

（10）用
绿色绳编一个
双联结。

白色
4毫米
仿水晶

6毫米
仿水晶
绿色

（11）在绳上
依次穿1颗白色仿水
晶、1颗绿色仿水晶、
1颗白色仿水晶后，
再编一个双联结。

（12）编一个单
线双联结，把万年青
花和提手连起来。

（13）把绳
头剪断，用打火
机烧一下，完成。

例7. 太阳花挂饰（见彩图85）

材料：仿珍珠12毫米红色1颗，仿珍珠8毫米红色2颗，仿珍珠6毫米红色3颗，仿珍珠4毫米红色10颗，小米珠白色48颗，渔线15厘米长2根，红色绳50厘米1根。

步骤：

（1）左线穿1颗红色4毫米仿珍珠、4颗白色小米珠。

（2）右线穿1颗红色珠，左线穿3颗小米珠，共穿6次。

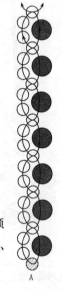

（3）右线穿1颗红色珠，借1颗小米珠，左线穿2颗小米珠，两线打结。（图中带阴影、标同样字母的是同一颗珠子。）

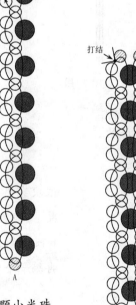

（4）用同样的方法再穿一排。

（5）把线头藏起来，形成一个圆环。

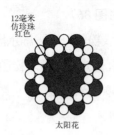

12毫米
仿珍珠
红色

太阳花

（6）环中放1颗12毫米的红色仿珍珠。

（7）用红绳编一个双联结。

红色
4毫米
仿珍珠

6毫米
仿珍珠
红色

（8）绳依次穿1颗4毫米珠、1颗6毫米珠、1颗4毫米红色珠，再编一个双联结。

小米珠

（9）绳子从圆环和中间的红珠中穿过，再编一个双联结。

红色
8毫米
仿珍珠

（10）两根绳各穿1颗6毫米珠、1颗8毫米珠，编单线纽扣结收尾，绳头用打火机烧一下，完成。

例8. 荷花灯挂饰（见彩图86）

材料：扁水晶4×6毫米浅粉色18颗，扁水晶4×6毫米深粉色6颗，扁水晶4×6毫米深绿色6颗，扁水晶4×6毫米浅绿色6颗，仿水晶8毫米粉色2颗，仿水晶6毫米粉色2颗、仿水晶6毫米白色2颗，渔线50厘米1根，粉色绳50厘米1根。

步骤：

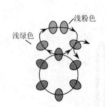

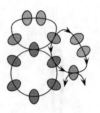

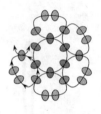

（1）左线穿6颗深绿色扁水晶。

（2）左线穿1颗浅绿色珠、2颗浅粉色珠、1颗浅绿色珠。

（3）右线借1颗深绿色珠，左线穿2颗浅粉色珠和1颗浅绿色珠。

（4）重复步骤（3）三次。

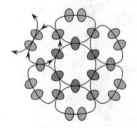

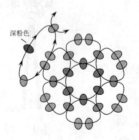

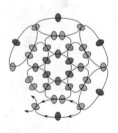

（5）右线借1颗深绿色珠、1颗浅绿色珠，两线对穿2颗浅粉色珠。

（6）左线穿1颗浅粉色珠、1颗深粉色珠、1颗浅粉色珠。

（7）右线借2颗浅粉色珠，左线穿1颗深粉色珠、1颗浅粉色珠。共穿四次。

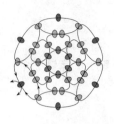

（8）右线借3颗浅粉色珠，左线穿1颗深粉色珠。

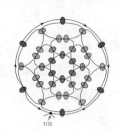

（9）右线借5颗深粉色珠，两线打结。

打结

荷花灯

（10）把结拉入珠中，将线头藏起来，荷花灯完成。

4厘米

（11）用绿色绳编一个双联结。

-6毫米
仿水晶
白色

（12）绳上依次穿1颗6毫米白色仿水晶珠、荷花灯、1颗6毫米白色仿水晶珠，再编一个双联结。

4.5厘米

绿色
6毫米
仿水晶-
8毫米
仿水晶-
绿色

（13）两根绳分别穿1颗6毫米、1颗8毫米绿色仿水晶珠，编单线纽扣结收尾。把绳剪断，绳头用打火机烧一下，完成。

4. 耳饰

例1. 茉莉花耳饰（见彩图87）

材料： 仿珍珠白色4毫米2颗，仿珍珠白色6毫米2颗，仿珍珠白色12毫米2颗，T字针2个，花托2个，喇叭形花托2个，耳钩1副。

步骤：

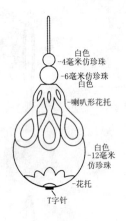

白色
-4毫米仿珍珠
-6毫米仿珍珠
白色
-喇叭形花托
白色
-12毫米
仿珍珠
-花托
T字针

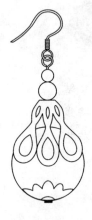

（1）T字针上依次穿入花托、12毫米白色仿珍珠、喇叭形花托、6毫米白色仿珍珠、4毫米白色仿珍珠各一个。

（2）把T字针的针尖弯成圆环。

（3）安上耳钩，完成。

例 2. 十样锦耳饰（见彩图 88）

材料：菱形珠 6 毫米各色 20 颗，仿水晶 4 毫米白色 26 颗，水滴珠 8 毫米黑色 6 颗，鼓形珠 8 毫米黑色 2 颗，耳钩 1 副，黑色绳 40 厘米 2 根、15 厘米 2 根。

步骤：

（1）40 厘米绳对折穿入耳钩，编一个双联结。

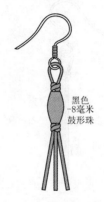

黑色
-8 毫米
鼓形珠

（2）绳上穿 1 颗鼓形珠，再编一个双联结，把 15 厘米绳穿入结中，用打火机烧一下。

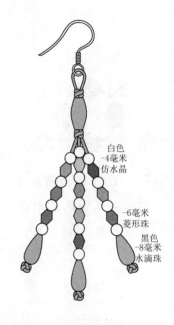

白色
-4 毫米
仿水晶

-6 毫米
菱形珠

黑色
-8 毫米
水滴珠

（3）在每根绳上隔 1 颗白色仿水晶珠穿 1 颗彩色菱形珠（如图），穿好后编一个单线纽扣结。把绳剪断，绳头用打火机烧一下，完成。

例3. 金银花耳饰（见彩图89）

材料： 仿珍珠10毫米白色2颗，仿珍珠4毫米白色4颗，仿水晶橙色4毫米6颗，菱形珠橙色6毫米12颗，花托2副，耳钩1副，渔线5厘米2根，橙色绳30厘米2根。

步骤：

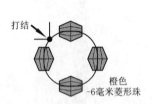

（1）用渔线把4颗6毫米橙色菱形珠穿成一圈。

（2）30厘米绳对折穿入耳钩，编一个双联结。

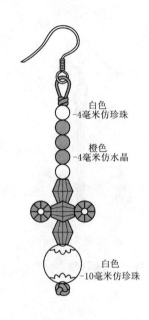

（3）绳上依次穿1颗4毫米白色仿水晶、3颗橙色仿水晶、1颗白色仿水晶、1颗橙色菱形珠、菱形珠圈、1颗橙色菱形珠、花托、白色10毫米仿珍珠、花托，编双线纽扣结收尾，把绳剪断，绳头用打火机烧一下，完成。

例 4. 鸢尾花耳饰（见彩图 90）

材料：仿珍珠 8 毫米黑色 8 颗，仿珍珠 4 毫米黑色 6 颗，多菱形珠 10 毫米白色 4 颗，水滴珠黑色 2 颗，耳钩 1 副，渔线 10 厘米 2 根，黑色绳 30 厘米 2 根。

步骤：

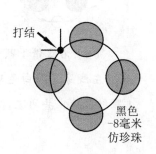

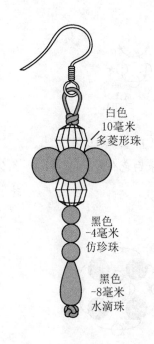

打结

黑色
-8毫米
仿珍珠

白色
10毫米
多菱形珠

黑色
-4毫米
仿珍珠

黑色
-8毫米
水滴珠

（1）用渔线把 4 颗 8 毫米黑色珠穿成一圈。

（2）30 厘米绳对折穿入耳钩，编一个双联结。

（3）绳上依次穿 1 颗 10 毫米白色多菱形珠、珠圈、1 颗 10 毫米白色多菱形珠、3 颗 4 毫米黑色仿珍珠、水滴珠，编一个双线纽扣结收尾，把绳头剪断，用打火机烧一下，完成。

例5. 灯笼花耳饰（见彩图91）

材料：仿珍珠4毫米白色16颗，仿珍珠8毫米红色8颗，仿珍珠10毫米红色2颗，T针2个，9针2个，花托2副，耳钩1副，渔线25厘米2根。

步骤：

（1）左线穿4颗4毫米白色仿珍珠。

（2）左线穿1颗8毫米红色仿珍珠、1颗4毫米白色仿珍珠、1颗8毫米红色仿珍珠。

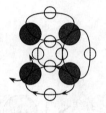

（3）右线借1颗白色珠，左线穿1颗白色珠和1颗红色珠，共两次。

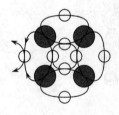

（4）右线借1颗白色1颗红色珠，左线穿1颗白色珠。

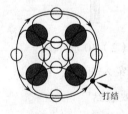

（5）右线借2颗白色珠，左线借1颗白色珠，两线打结。

灯笼花

（6）把线头藏起来，灯笼花完成。

红色
-10毫米
仿珍珠

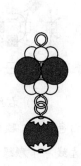
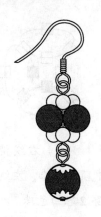

（7）9字针穿
入灯笼花，把针尖
完成圆圈。

（8）T字针上依次穿
花托、10毫米红色仿珍珠、
花托，把针尖完成圆圈。

（9）把10
毫米红珠坠挂
在灯笼花下。

（10）安上
耳钩，完成。

例6. 三色堇耳饰（见彩图92）

材料：方水晶10毫米红色6颗，方水晶10毫米绿色6颗，方水晶10毫米白色12颗，仿水晶4毫米白色12颗，仿水晶6毫米绿色2颗，耳钩1副，渔线40厘米2根，绿色绳15厘米2根。

步骤：

白色
10毫米-
方水晶

-10毫米
方水晶
红色

绿色
10毫米-
方水晶

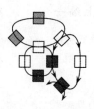

（1）左线穿2颗红色方
水晶珠、2颗白色方水晶珠。

（2）左线穿2颗
绿色珠、1颗白色珠。

（3）右线借1颗红色珠，
左线穿1颗白色珠、1颗红色珠。

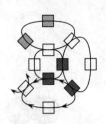

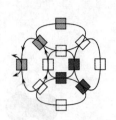

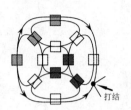

打结

三色堇花

（4）右线借
1颗红色珠，左线
穿2颗白色珠。

（5）右线借1颗
白色珠、1颗绿色珠，
左线穿1颗绿色珠。

（6）右线借1颗绿
色珠、1颗白色珠，左线
借1颗白色珠，两线打结。

（7）把线
头藏起来，三色
堇花完成。

白色
4毫米
仿水晶

6毫米
菱形珠
绿色

（8）用绳
在耳钩上编一
个双联结。

（9）绳上穿3颗4毫
米白色仿水晶、1颗6毫
米绿色仿水晶、3颗4毫
米白色仿水晶。

（10）再编一
个单线双联结，把
三色堇花坠连上。

（11）把绳
头剪断，用打火
机烧一下，完成。

注：绳和坠饰连接的时候，是把绳穿入编坠饰的渔线里的。

例 7. 海棠花耳饰（见彩图 93）

材料： 仿珍珠 4 毫米浅粉色 24 颗，仿水晶 6 毫米深粉色 10 颗，菱形珠 6 毫米浅粉色 2 颗，水滴珠 6 毫米浅粉色 2 颗，耳钩 1 副，渔线 30 厘米 2 根，粉色绳 30 厘米 2 根。

步骤：

（1）左线穿 5 颗浅粉色 4 毫米仿珍珠。

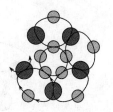

（2）左线穿 1 颗深粉色珠、1 颗浅粉色珠、1 颗深粉色珠。

（3）右线借 1 颗浅粉色珠，左线穿 1 颗浅粉色珠、1 颗深粉色珠。共穿 3 次。

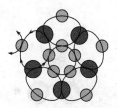

（4）右线借 1 颗浅粉色珠、1 颗深粉色珠，左线穿 1 颗浅粉色珠。

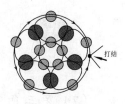

（5）两线各借 2 颗浅粉色珠后打结。

海棠花

（6）把线头藏起来，海棠花完成。

（7）用绳在耳钩上编一个双联结。

（8）绳上依次穿 1 颗浅粉色 6 毫米菱形珠、1 颗浅粉色 4 毫米仿珍珠、海棠花饰、1 颗浅粉色 4 毫米仿珍珠、1 颗水滴珠，然后编双线纽扣结收尾。把绳头剪断，用打火机烧一下，完成。

例8. 月光花耳饰（见彩图94）

材料：糖果珠16毫米白色2颗，糖果珠12毫米黑色2颗，糖果珠10毫米白色2颗，糖果珠8毫米黑色2颗，钢珠4毫米46颗，耳钩1副，渔线20厘米2根、15厘米2根，白色绳30厘米2根。

步骤：

（1）左线穿3颗4毫米钢珠。

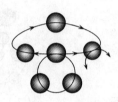

（2）左线穿3颗钢珠。

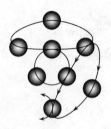

（3）右线借1颗钢珠，左线穿2颗钢珠。

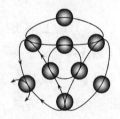

（4）右线借2颗钢珠，左线穿1颗钢珠。

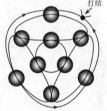

（5）两线各借1颗钢珠，打结。

夜来香花

（6）把线头藏起来，夜来香花完成。

三色堇花

（7）穿三色堇花1朵（穿法见三色堇耳饰，把所有的珠子都换成钢珠）。

（8）用白色绳在耳钩上编一个双联结。

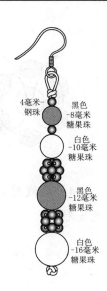

4毫米-钢珠

黑色-8毫米糖果珠

白色-10毫米糖果珠

黑色-12毫米糖果珠

白色-16毫米糖果珠

（9）绳上依次穿1颗钢珠、1颗8毫米黑色珠、1颗钢珠、1颗10毫米白色珠、夜来香花饰、1颗12毫米黑色珠、三色堇花饰、1颗16毫米白色珠，然后编双线纽扣结收尾。把绳头剪断，用打火机烧一下，完成。

例9. 蓝玫瑰耳饰（见彩图95）

材料：菱形珠6毫米蓝色18颗，仿珍珠6毫米白色2颗，耳钩1副，渔线20厘米2根，蓝色绳15厘米2根。

步骤：

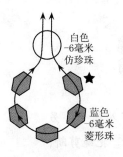

白色-6毫米仿珍珠

蓝色-6毫米菱形珠

（1）左线穿5颗6毫米蓝色菱形珠，两线并穿1颗6毫米白色仿珍珠。

（2）把白色珠翻回来。

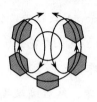

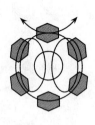

打结

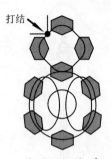

（3）两线各回
穿2颗蓝色菱形珠。

（4）两线对穿1颗
蓝色菱形珠。

（5）右线穿2颗蓝
色珠，左线穿1颗蓝色珠，
两线打结。

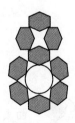

蓝玫瑰花

（6）把结拉入珠中，将线
头藏起来。蓝玫瑰花饰完成。

（7）把绳的一端穿入珠子，另
一端穿入耳钩，编旋转结。把绳剪断，
绳头用打火机烧一下，完成。

例10. 太阳花耳饰（见彩图96）

材料：仿珍珠4毫米白色62颗，仿水晶10毫米红色4颗，仿水晶8毫米红色2颗，仿水晶4毫米红色2颗，耳钩1副，渔线20厘米2根，白色绳25厘米2根、15厘米2根，细铜丝10厘米2根。

步骤：

红色
10毫米
仿水晶

白色
-4毫米
仿珍珠

太阳花

（1）用10颗4毫米白色仿珍珠和1颗10毫米红色仿水晶穿太阳花（穿法见太阳花戒指）。

（2）用25厘米绳在耳钩上编一个双联结。

主线

（3）用绳对穿太阳花上面正中的白色珠后，分别穿过4颗白色珠，再对穿下面正中的白色珠。

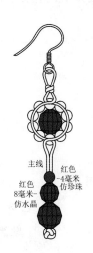

主线

红色
-4毫米
仿珍珠

红色
8毫米-
仿水晶

（4）绳上依次穿4毫米、8毫米、10毫米红色珠各1颗后，编双线纽扣结收尾。

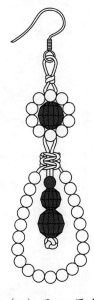

（5）用15厘米绳附上细铜丝，穿21颗白色珠后，在主线上编3个平结。把线剪断，线头用打火机烧一下，完成。

注：为了让耳饰的形状更好看，穿珠时附了细铜丝，多余部分要剪断，不要露出来。

例 11. 黑美人耳饰（见彩图 97）

材料： 仿珍珠 4 毫米黑色 36 颗，仿珍珠 4 毫米白色 28 颗，仿珍珠 8 毫米黑色 2 颗，小米珠白色 24 颗，耳钩 1 副，渔线 45 厘米 2 根，黑色绳 10 厘米 2 根。

步骤： 黑美人花饰是双面的，上下两层是用珠子"缝"起来的。

第一面

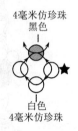

（1）左线穿 3 颗白色珠 1 颗黑色珠。

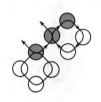

（2）右线穿 2 颗黑色珠、2 颗白色珠，回穿 1 颗黑色珠。

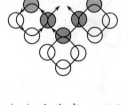

（3）左线穿 2 颗黑色珠、2 颗白色珠，回穿 1 颗黑色珠。

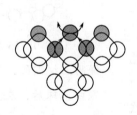

（4）两线对穿 1 颗黑色珠。

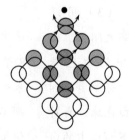

（5）右线穿 1 颗黑色珠，左线穿 2 颗黑色珠。

第二面

（6）右线穿 1 颗小米珠，左线穿 1 颗小米珠、1 颗黑色珠。

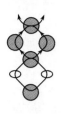

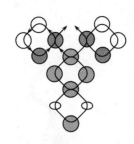

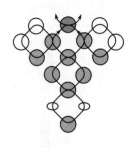

（7）右线穿 1 颗黑色珠，左线穿 2 颗黑色珠。

（8）两线各穿 1 颗黑色珠、2 颗白色珠、1 颗黑色珠，回穿 1 颗黑色珠。

（9）两线对穿 1 颗黑色珠。

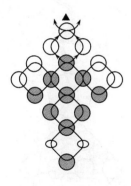

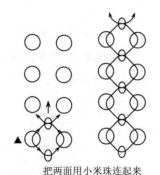

把两面用小米珠连起来

黑美人花

（10）右线穿 1 颗白色珠，左线穿 2 颗白色珠。

（11）用小米珠把两片连在一起，但两线先不要打结。

（12）黑美人花坠就是这个样子。

（13）用黑色绳在耳钩上编一个双联结。

（14）绳上穿 1 颗 8 毫米黑色仿珍珠，再编一个双联结。

（15）把结放入穿好的黑美人花坠中间，把线打结，线头藏入珠中，完成。

5. 项链

例 1. 金银花项链（见彩图 98）

材料：仿珍珠 12 毫米白色 2 颗，仿珍珠 8 毫米白色 16 颗，仿珍珠 6 毫米白色 32 颗，仿水晶 4 毫米橙色 226 颗，菱形珠 6 毫米橙色 14 颗，渔线 5 厘米 2 根，橙色绳 140 厘米 1 根。

步骤：

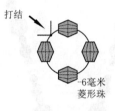

打结

-6毫米
菱形珠

（1）用渔线把 4 颗 6 毫米橙色菱形珠穿成一圈。

注：此款项链本身是开放的，佩戴时在胸前系一个结。

白色 -12毫米 仿珍珠

（2）在绳的一端编 1 个单线纽扣结，依次穿 1 颗菱形珠、1 颗 12 毫米白色仿珍珠、1 颗菱形珠、菱形珠环、1 颗菱形珠。

（3）按照图示依次穿好各种珠子，到需要的长度，再编 1 个单线纽扣结，把多余的绳剪断，绳头用打火机烧一下，完成。

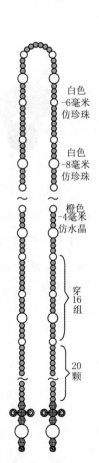

白色 -6毫米 仿珍珠

白色 -8毫米 仿珍珠

橙色 -4毫米 仿水晶

穿 16 组

20 颗

例 2. 三角梅项链（见彩图 99）

材料：仿珍珠 16 毫米红色 3 颗，仿珍珠 12 毫米红色 1 颗，仿珍珠 10 毫米红色 18 颗，多菱形珠 8 毫米红色 20 颗，多菱形珠 6 毫米红色 4 颗，菱形珠 6 毫米红色 40 颗，红色绳 65 厘米 1 根，项链锁扣 1 副。

步骤：

（1）红绳中间穿 1 颗 16 毫米仿珍珠后，两边各穿 1 颗 6 毫米仿水晶、1 颗 16 毫米仿珍珠、1 颗 6 毫米仿水晶，编一个双联结。

（2）两绳并穿 1 颗 12 毫米仿珍珠，再编一根双联结。

（3）按照图示继续穿各种珠子到需要的长度，用单线双联结连接锁扣和单圈，完成。

例3. 虎尾兰项链（见彩图100）

材料：多菱形珠 16 毫米绿色 2 颗，多菱形珠 12 毫米绿色 7 颗，多菱形珠 10 毫米绿色 4 颗，多菱形珠 8 毫米绿色 2 颗，菱形珠 8 毫米绿色 14 颗，菱形珠 6 毫米绿色 16 颗，菱形珠 4 毫米绿色 10 颗，仿水晶 4 毫米白色 160 颗，绿色绳 120 厘米 1 根。

步骤：

102颗4毫米
仿水晶珠
白色

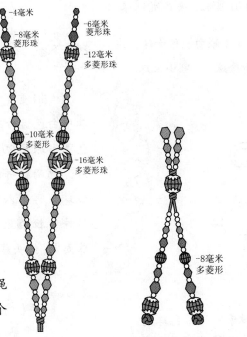

（1）先在绳上穿 102 颗 4 毫米的仿水晶珠子。

（2）再如图所示在绳上穿好各种珠子后，编一个双联结。

（3）两绳依次并穿一片花托、一颗 12 毫米多菱形珠、一片花托，再编一个双联结。

（4）将两根线分开，如图所示单穿各种珠子，用单线纽扣结收尾。把绳头剪断，用打火机烧一下，完成。

167

例4. 三叶草项链（见彩图101）

材料：仿珍珠6毫米白色90颗，菱形珠6毫米绿色87颗，小米珠白色89颗，渔线170厘米1根，项链锁扣1副。

步骤：

（1）用线的一头穿入定位珠，再穿锁扣，回穿定位珠，线一边留60厘米，另一边110厘米，夹扁定位珠。

（2）两线对穿1颗小米珠。

（3）右线穿1颗白色仿珍珠，左线穿2颗白色仿珍珠、1颗小米珠。

（4）右线穿1颗绿色菱形珠、1颗小米珠、1颗绿色菱形珠，左线穿1颗绿色菱形珠、1颗小米珠。

（5）重复步骤（3）（4），其中白色仿珍珠穿30组，绿色菱形珠穿29组。珠子穿完后，把两线并在一起穿入定位珠，再穿入单圈，回穿定位珠，拉紧鱼线，夹扁定位珠固定，线头藏在珠中，完成。

五

注：

1. 这款项链是由一圈白色珠和一圈绿色珠交替组成的。而在两个绿色菱形珠之间多穿了1颗小米珠，使得绿色圈比白色圈大，项链就会自然向一边弯曲，戴起来很随身。

2. 由于一边的线总是穿的珠子少，另一边穿的珠子多，所以两边的线不能一样长。左边的线长60厘米，右边的线长110厘米。

例 5. 夜来香项链（见彩图 102）

材料：仿珍珠 6 毫米白色 226 颗，仿珍珠 8 毫米白色 38 颗，仿珍珠 4 毫米白色 80 颗，渔线 20 厘米 23 根，白色绳 100 厘米 1 根。

步骤：

夜来香花

（1）用 6 毫米仿珍珠穿夜来香花 23 朵（穿法见月光花耳饰）。

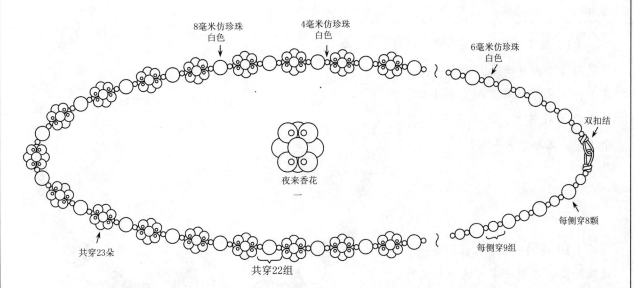

8毫米仿珍珠
白色

4毫米仿珍珠
白色

6毫米仿珍珠
白色

双扣结

夜来香花
一

共穿23朵

共穿22组

每侧穿8颗

每侧穿9组

（2）在绳的一端编一个双联结，按照图示穿入珠子和夜来香花饰，最后用单线双联结和开始编的结相连。把绳头藏入珠中，完成。

例 6. 月光花项链（见彩图 103）

材料：糖果珠 20 毫米白色 1 颗，糖果珠 16 毫米黑色 2 颗，糖果珠 12 毫米白色 2 颗，糖果珠 10 毫米黑色 2 颗，糖果珠 8 毫米白色 30 颗，糖果珠 8 毫米黑色 2 颗，钢珠 4 毫米 106 颗，渔线 30 厘米 2 根、25 厘米 2 根、20 厘米 2 根，白色绳 60 厘米 1 根，项链锁扣 1 副。

步骤：这是一款时装项链，黑白和金属色的搭配，非常有现代感。

夜来香花
穿2个

三色堇花
穿2个

海棠花
穿2个

（1）用 4 毫米钢珠穿夜来香花饰 2 个（穿法见月光花耳饰）、三色堇花饰 2 个（穿法见三色堇挂饰）、海棠花饰 2 个（穿法见海棠花耳饰）。

（2）绳的一端穿入锁扣编一个双联结，按照图示穿入珠子和三种花饰，最后编单线双联结和单圈相连。把绳头藏入珠中，完成。

白色
-8毫米
糖果珠

黑色
8毫米-
糖果珠

-4毫米
钢珠

黑色
10毫米-
糖果珠

白色
20毫米
糖果珠

白色
-12毫米
糖果珠

16毫米-
糖果珠
黑色

例7. 碧桃花项链（见彩图104）

材料：仿珍珠 8 毫米粉色 36 颗，仿珍珠 6 毫米粉色 5 颗，仿珍珠 4 毫米粉色 10 颗，南瓜珠 10 毫米粉色 5 颗，仿水晶 6 毫米玫瑰红色 10 颗，仿水晶 4 毫米粉色 38 颗，通线 60 厘米 1 根，粉色绳 40 厘米 2 根。

步骤：碧桃花坠饰是五瓣的，每个花瓣由 2 颗 6 毫米玫瑰红色仿水晶、1 颗 4 毫米粉色仿珍珠、1 颗 10 毫米粉色南瓜珠组成。它是双面的，外圈的南瓜珠是两面共用的。

第一面

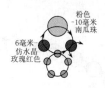

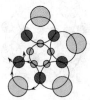

（1）左线穿 5 颗 4 毫米粉色仿珍珠。

（2）左线穿 1 颗玫瑰红色珠、1 颗南瓜珠、1 颗玫瑰红色珠。

（3）右线借 1 颗 4 毫米粉色珠，左线穿 1 颗南瓜珠、1 颗玫瑰红色珠。

（4）重复步骤（3）两次。

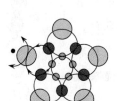

第二面

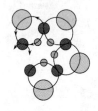

（5）右线借 1 颗粉色珠、1 颗玫瑰红色珠，左线穿 1 颗南瓜珠，第一面完成。

（6）左线穿 1 颗玫瑰红色珠、1 颗粉色珠、1 颗玫瑰红色珠。

（7）右线借 1 颗南瓜珠，左线穿 1 颗粉色珠、1 颗玫瑰红色珠。

（8）重复步骤（7）两次。

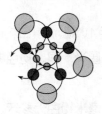

（9）左线穿1颗粉色珠后，把中心的5颗粉色珠绕1圈，再借1颗玫瑰红色珠。

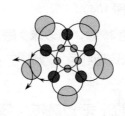

（10）两线在南瓜珠中对穿。

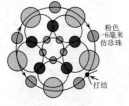

粉色
-6毫米
仿珍珠

打结

（11）隔1颗南瓜珠穿1颗6毫米粉色仿珍珠，绕一圈后两线打结，把结拉入珠中。

碧桃花

（12）将线头藏起来，碧桃花饰完成。

（13）用绳的一端穿入碧桃花的珠中，编一个双联结，按图示穿好珠子，用单线双联结连接锁扣和单圈，把绳头藏入珠中，完成。

-4毫米
仿水晶
粉色

-8毫米
仿珍珠
粉色

双联结

例8. 迎春花项链（见彩图105）

材料：菱形珠8毫米黄色6颗，菱形珠6毫米橙色2颗，仿珍珠8毫米绿色1颗，仿珍珠6毫米白色12颗，仿珍珠4毫米金色12颗，仿珍珠4毫米橙色12颗，仿珍珠4毫米白色16颗，水滴珠绿色2颗，渔线70厘米1根，金色绳110厘米2根、30厘米1根。

步骤：迎春花坠饰是六瓣的，每个花瓣由1颗4毫米金色仿珍珠、2颗6毫米白色仿珍珠和1颗8毫米黄色菱形珠组成。迎春花饰是双面的，最外面的黄色菱形珠是两面共用的。

第一面

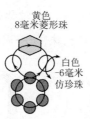

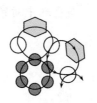

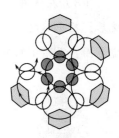

（1）左线穿6颗4毫米金色仿珍珠。

（2）左线穿1颗6毫米白色仿珍珠、1颗黄色8毫米菱形珠、1颗6毫米白色仿珍珠。

（3）右线借1颗金色珠，左线穿1颗黄色珠、1颗白色珠。

（4）重复步骤（3）三次。

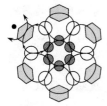

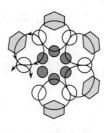

（5）右线借1颗橙色珠、1颗白色珠，左线穿1颗黄色珠，第一面完成。

第二面

（6）左线穿1颗白色珠、1颗金色珠、1颗白色珠。

（7）右线借1颗黄色珠，左线穿1颗金色珠、1颗白色珠，共穿4次。

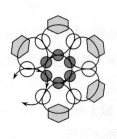

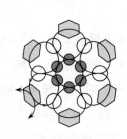

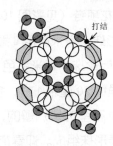

（8）左线穿 1 颗金色珠后，把中心的 6 颗金色珠绕 1 圈，再借 1 颗白色珠。

（9）两线在黄色珠中对穿。

（10）两线隔 1 颗黄色珠穿 1 颗 4 毫米橙色珠，在对称位置穿 4 颗橙色珠、回穿 1 颗橙色珠，绕一圈后两线打结，把结拉入珠中。

迎春花

（11）将线头藏起来，迎春花坠饰完成。

绿色-8 毫米仿珍珠

（12）如图，用 1 根金色绳穿入橙色珠中，编一个双联结，两绳并穿 1 颗 8 毫米绿色仿珍珠。

（13）两绳分开，在中心处再附上一根绳。

蛇结

橙色-6 毫米菱形珠

水滴珠-

-4 毫米仿珍珠白色

（14）编 2 个蛇结后，隔 3 厘米编 6 个蛇结，共编 3 组，最后把两边的绳交叉，用旋转结活动扣结尾。把长 30 厘米的绳穿入坠饰的另一边后，编双联结，穿好珠子，编单线组扣结收尾。把绳头用打火机烧一下，完成。

注：这款项链，坠饰用的是春天开放的黄色迎春花，而每组编了 6 个蛇结，两边共编了 6 组，取的是一年之始，六六大顺之意。

例9. 雪莲花项链（见彩图106）

材料：多菱形珠10毫米白色76颗，菱形珠8毫米白色30颗，仿珍珠10毫米白色2颗，仿珍珠4毫米白色20颗，仿水晶4毫米白色77颗，渔线90厘米1根，白色绳110厘米1根。

步骤：雪莲花饰是10瓣的，每个花瓣由1颗4毫米白色仿珍珠和3颗8毫米白色菱形珠组成。它是双面的，外边的8毫米菱形珠（带阴影的）是两面共用的。

第一面

（1）左线穿10颗4毫米白色仿珍珠。

（2）左线穿3颗8毫米白色菱形珠。

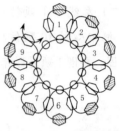

（3）右线借1颗仿珍珠，左线穿2颗菱形珠。共穿8次。

第二面

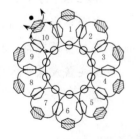

（4）右线借1颗仿珍珠1颗菱形珠，两线对穿1颗菱形珠。第一面完成。

（5）左线穿1颗菱形珠、1颗仿珍珠、1颗菱形珠。

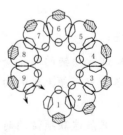

（6）右线借1颗菱形珠，左线穿1颗仿珍珠、1颗菱形珠。共穿8次。

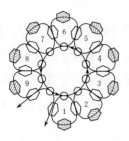

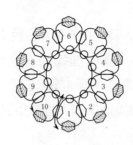

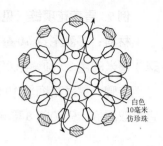

白色
10毫米
仿珍珠

（7）左线穿 1 颗仿珍珠后，把中心的 10 颗仿珍珠绕 1 圈，再借 1 颗菱形珠。

（8）右线穿 1 颗菱形珠后，穿入左线所在珠中。

（9）用线在两面中心各穿 1 颗 10 毫米仿珍珠，两线打结。

雪莲花

（10）把线头藏起来，雪莲花饰完成。

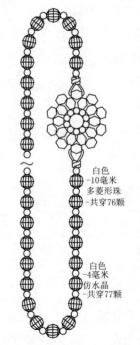

白色
-10毫米
多菱形珠
-共穿76颗

白色
-4毫米
仿水晶
-共穿77颗

（11）把绳的一端穿入花饰外面的 1 颗珠子，编一个双联结，按图所示把珠子穿好，编一个单线双联结，连接雪莲花饰，把绳头藏入珠中，完成。

注：

1. 这款项链的珠子全部都是白色的，它的寓意是冬日里一望无垠的白雪中盛开了一朵洁白的雪莲花。

2. 佩戴这款项链的时候，花饰不是放在项链的下面，而是作为胸花放在胸前的。这样的戴法，让这款项链别具一格，很有新意。

例 10. 白睡莲项链（见彩图 107）

材料：菱形珠 6 毫米白色 36 颗，菱形珠 8 毫米白色 2 颗，仿珍珠 12 毫米白色 2 颗，仿珍珠 8 毫米白色 1 颗，仿珍珠 6 毫米白色 2 颗，仿珍珠 4 毫米白色 300 颗，花托 2 副，渔线 65 厘米 1 根，白色绳 125 厘米 1 根。

步骤：白睡莲花坠饰是六瓣的，每个花瓣由 3 颗 6 毫米白色菱形珠和 1 颗 4 毫米白色仿珍珠组成。这个坠饰是双层的，其中边上的 6 颗仿珍珠是两面共用的。

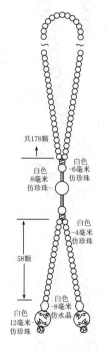

共178颗

白色
8毫米
仿珍珠

白色
-6毫米
仿珍珠

58颗

白色
-4毫米
仿珍珠

白色
-4毫米
仿珍珠

白色
-8毫米
仿水晶

白色
12毫米
仿珍珠

（1）先用绳按图示穿好项链，但不要把绳收紧。

第一面

白色
6毫米
仿水晶

-4毫米
仿珍珠
白色

（2）左线穿 1 颗 6 毫米菱形珠、1 颗 4 毫米仿珍珠、2 颗 6 毫米菱形珠。

（3）右线穿 2 颗菱形珠、1 颗仿珍珠、1 颗菱形珠，回穿 1 颗菱形珠。

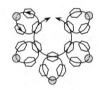

（4）右线重复步骤（3）一次，左线重复步骤（3）两次。

（5）两线对穿 1 颗菱形珠。

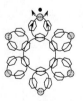

（6）右线穿 1 颗菱形珠，左线穿 1 颗菱形珠 1 颗仿珍珠，第一面完成。

第二面

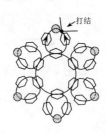

（7）右线穿
1颗菱形珠，左
线穿2颗菱形珠。

（8）重复步骤（3）～（6），不过用到
仿珍珠时不要再穿了，而是借第一面穿好的。
第二面穿到一半时把穿好的项链放到坠里，
然后继续把花饰穿完。

（9）两线打结，把线头
藏起来，白睡莲花饰完成。

（10）调整绳的长短，把绳
头用打火机烧一下，完成。

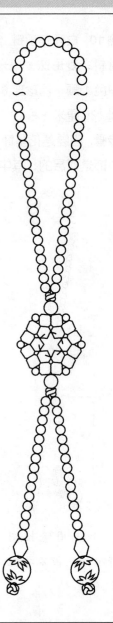

例11. 墨菊花项链（见彩图108）

材料：鼓形珠 5×8 毫米白色 112 颗，仿珍珠 10 毫米黑色 35 颗，仿珍珠 6 毫米黑色 70 颗，仿珍珠 4 毫米黑色 84 颗，菱形珠黑色 42 颗，渔线 60 厘米 7 根，黑色绳 110 厘米 1 根。

步骤：墨菊花饰是八瓣的，每个花瓣由 2 颗白色 5×8 毫米鼓形珠和 1 颗黑色 6 毫米仿珍珠组成。坠饰是双面的，最外面的黑色珠是两面共用的。

第一面

（1）左线穿 1 颗鼓形珠、1 颗 6 毫米黑色仿珍珠、1 颗鼓形珠。

（2）左线穿 1 颗黑色珠、1 颗鼓形珠。

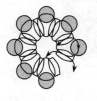

（3）重复步骤（2）五次。

第二面

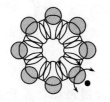

（4）右线借 1 颗鼓形珠，左线穿 1 颗黑色珠。第一面完成。

（5）右线穿 1 颗鼓形珠，左线穿 1 颗鼓形珠。

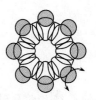

（6）重复步骤（2）~（4）。不过用到黑色珠时不要再穿了，而是借第一面穿好的。

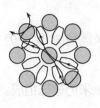

（7）在花心处穿1颗6毫米黑色珠。

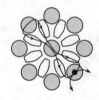

（8）在另一面的中间也穿1颗黑色珠，两线打结。

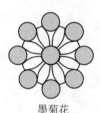

墨菊花

（9）把结拉入珠中，将线头藏起来，墨菊花饰完成。共穿7个。

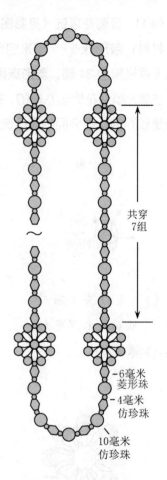

共穿
7组

6毫米
菱形珠

4毫米
仿珍珠

10毫米
仿珍珠

注：这款长项链可以随意佩戴，不必非要对称，比较休闲。

（10）按图用绳把各种珠子和墨菊花饰穿好，两个绳打结，把结拉入花饰中，完成。

例12. 美女樱项链（见彩图109）

材料： 仿珍珠 6 毫米粉色 38 颗，仿水晶 6 毫米白色 12 颗，仿水晶 6 毫米粉色 2 颗，仿水晶 8 毫米粉色 7 颗，仿水晶 4 毫米粉色 214 颗，小米珠白色 14 颗，水滴珠粉色 4 颗，小梅花珠粉色 4 颗，渔线 85 厘米 1 根，粉色绳 120 厘米 1 根、30 厘米 1 根。

步骤： 这款项链的坠饰是双面，之所以叫美女樱，是因为这种花的花瓣是心形的。

第一面

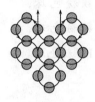

（1）左线穿 4 颗 6 毫米粉色仿珍珠。

（2）两线各穿 4 颗粉色珠，回穿 1 颗粉色珠。

（3）两线对穿 1 颗粉色珠。

（4）两线各穿 3 颗粉色珠，借 1 颗粉色珠，回穿 1 颗粉色珠，第一面完成。

第二面

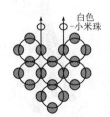

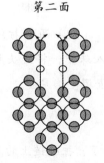

（5）两线各穿 1 颗白色小米珠。

（6）两线各穿 4 颗粉色珠，回穿 1 颗粉色珠。

（7）两线对穿 1 颗粉色珠。

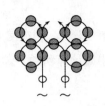

（8）两线各

穿 3 颗粉色珠，

借 1 颗粉色珠，

回穿 1 颗粉色珠。

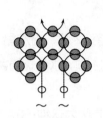

（9）两线对

穿 1 颗粉色珠。

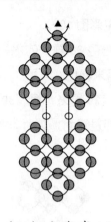

（10）右线穿 1 颗粉

色珠，左线穿 2 颗粉色珠。

110颗4毫米
粉色仿水晶

粉色
-8毫米
多菱形珠

白色
-6毫米
仿水晶

-双联结

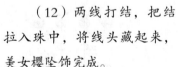

美女樱

两面叠在一起
侧面用小米珠
连起来

（11）两面叠在一起，

侧面用白色小米珠连起来。

（12）两线打结，把结

拉入珠中，将线头藏起来，

美女樱坠饰完成。

-双线
纽扣结

-小梅花

水滴珠

（13）按图所示，把项链上的珠子穿好，绳从坠饰中穿过后，编双线

纽扣结，绳收紧前，把30厘米的绳对折，穿入结里，烧一下。穗上的珠子

穿完后，用单线纽扣结收尾。把绳头剪断，用打火机烧一下，完成。

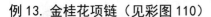

例 13. 金桂花项链（见彩图 110）

材料：南瓜珠 12 毫米棕色 4 颗，南瓜珠 10 毫米橙色 8 颗，南瓜珠 10 毫米棕色 7 颗，仿珍珠 10 毫米红色 4 颗，仿珍珠 8 毫米黑色 20 颗，仿珍珠 8 毫米橙色 8 颗，仿珍珠 8 毫米红色 8 颗，仿珍珠 6 毫米红色 20 颗，仿珍珠 6 毫米橙色 16 颗，仿珍珠 6 毫米黑色 16 颗，仿珍珠 5 毫米黑色 8 颗，仿珍珠 4 毫米黑色 124 颗，小米珠棕色 24 颗，渔线 70 厘米 1 根，40 厘米 2 根，黑色绳 85 厘米 1 根、45 厘米 1 根、35 厘米 1 根。

步骤：这款项链要用到两种金桂花饰。小金桂花饰是 4 瓣的，每个花瓣是由 1 颗小米珠、2 颗 6 毫米橙色珠仿珍珠、1 颗红色仿珍珠组成。花饰是双面的，边上的红珠子是两面共用的。大金桂花饰的样子和小的是相同的，不过要把珠子换成 8 毫米和 10 毫米的，还在外圈加了装饰。

第一面

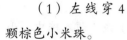

（1）左线穿 4 颗棕色小米珠。

（2）左线穿 1 颗 6 毫米橙色仿珍珠、1 颗 8 毫米红色仿珍珠、1 颗 6 毫米橙色仿珍珠。

（3）右线借 1 颗小米珠，左线穿 1 颗红色珠、1 颗橙色珠。

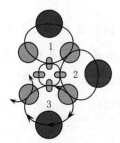

（4）重复步骤（3）一次。

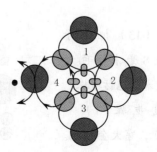

（5）右线借 1 颗小米珠、1 颗橙色珠，左线穿 1 颗红色珠。第一面完成。

第二面

 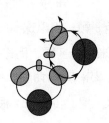 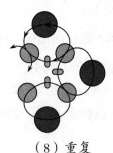 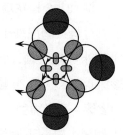

（6）左线穿1颗橙色珠、1颗小米珠、1颗橙色珠。

（7）右线借1颗红色珠，左线穿1颗小米珠、1颗橙色珠。

（8）重复步骤（8）一次。

（9）左线穿1颗小米珠后，把中心的4颗小米珠绕1圈，再借1颗橙色珠。

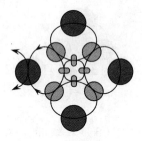 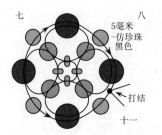 

（10）两线在红色珠中对穿。

（11）隔1颗红色珠，穿1颗5毫米黑色仿珍珠，两线打结。

5毫米仿珍珠黑色

打结

（12）线头藏入珠中，小金桂花饰完成。共需穿两个。

小金桂花

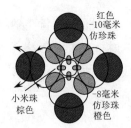 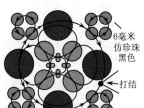

红色-10毫米仿珍珠

小米珠棕色

8毫米仿珍珠橙色

（13）把珠子换成8毫米橙色和10毫米红色仿珍珠，重复步骤（1）～（10），穿大金桂花。

6毫米仿珍珠黑色

打结

（14）隔1颗红色珠穿4颗6毫米黑色珠，回穿1颗黑色珠，绕一圈，两线打结。

184

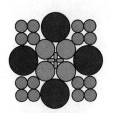

大金桂花

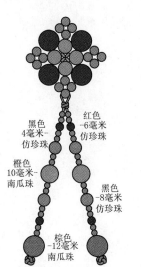

（15）线头藏入珠中，大金桂花饰完成。

（16）把40厘米长绳穿入大金桂花坠饰的下边，编双联结，按图穿好珠子，编单线纽扣结收尾，做成穗子。

（17）把35厘米长绳穿入大金桂花饰的上边，编双联结，按图穿好珠子后，编单线双联结连接小金桂花饰。

注：这款项链主要采用了棕色和橙色，这是大地和成熟的果实的颜色，表达了秋天是收获的季节之意。

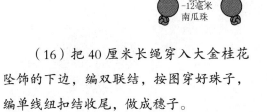

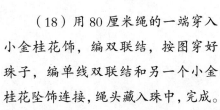

（18）用80厘米绳的一端穿入小金桂花饰，编双联结，按图穿好珠子，编单线双联结和另一个小金桂花坠饰连接，绳头藏入珠中，完成。